Jürgen Kurz

Für immer aufgeräumt – auch digital

Gewidmet
allen Vätern und Müttern,
die (noch) zu viel Zeit im Büro und der digitalen Welt verbringen
und nicht sehen, wie ihre Kinder aufwachsen.

Jürgen Kurz

Für immer aufgeräumt – auch digital

So meistern Sie E-Mail-Flut und Datenchaos

Mit einem Vorwort von **Werner Tiki Küstenmacher**

GABAL

Bibliografische Information der Deutschen Nationalbibliothek

Die Deutsche Nationalbibliothek verzeichnet diese Publikation in der Deutschen Nationalbibliografie; detaillierte bibliografische Daten sind im Internet über http://dnb.d-nb.de abrufbar.

ISBN 978-3-86936-561-9

Projektassistenz: Almut Wiedenmann | www.agentur-awi.de
Umschlaggestaltung: Martin Zech Design, Bremen | www.martinzech.de
Umschlagfoto: Guido Serino | www.serino-photography.com
Fotos Innenteil: Matthias Alber, Jürgen Kurz, Birgit Meck, Marcel Miller, Frank-Michael Rommert, Almut Wiedenmann
Druck: Grafisches Centrum Cuno, 39240 Calbe/Saale | www.cunodruck.de

4. Auflage 2017

Abonnieren Sie unseren Newsletter unter:
www.gabal-verlag.de

Inhalt

Vorwort

Ihr Weg zum *für immer aufgeräumten* Computer

Eine Methode, die funktioniert

Im Jahr 2007 erschien das erste Buch von Jürgen Kurz „Für immer aufgeräumt". Ich habe schon damals das Vorwort geschrieben, weil ich überzeugt war und bin, dass seine Methode funktioniert.

Mehr Aufgaben, mehr E-Mails

Damals ging es um den klassischen Arbeitsplatz, also die ganze Hardware mit Stapeln, Zetteln, Geräten und Krimskrams. In diesem Buch geht es um den konsequenten nächsten Schritt, denn der aktuell wohl höchste Nervfaktor hat nicht mehr mit anfassbarem Papier zu tun, sondern mit virtuellen Informationen: die E-Mail-Flut, die wachsende Zahl der Aufgaben, die Zunahme an Wissen.

Vom Traum zur Plage

Ich erinnere mich noch gut an den großen Traum vom Computer als Allzweckwerkzeug, das Schwierigkeiten mit einem Mausklick erledigt, ungeliebte Aufgaben automatisch übernimmt und wir den Routinekram intelligenten Robotern überlassen dürfen.

Wir brauchen gute Methoden

Aber an die Stelle der Begeisterung über sensationelle technische Fortschritte ist eine erschreckende Ernüchterung getreten. Brauchen wir vielleicht noch leistungsstärkere Computer? Noch mehr Speicherplatz? Noch weiter spezialisierte und individualisierte Programme? Noch kleinere und allgegenwärtige Geräte?

Nein! Wir brauchen Ansätze und Methoden, die uns zeigen, wie wir diese Überflutung meistern können. Wir brauchen jemanden, der uns ermutigt und ermuntert, die Möglichkeit sinnvoll zu nutzen.

Schritt für Schritt

Genau hier setzt Jürgen Kurz an. Er erklärt Schritt für Schritt, wie sich die tägliche E-Mail-Flut meistern lässt, wie Sie das Datenchaos beherrschen können und der Informationsflut gelassen gegenübertreten.

Erfolgreicher und gelassener

Er zeigt Ihnen, wie Sie Papier und Computer clever kombinieren können, um wirklich entspannt zu arbeiten. Jürgen Kurz ist Deutschlands Effizienzprofi. Er hat hunderten Unternehmen geholfen, ihre Effizienz zu steigern. Unzählige Menschen hat er damit erfolgreicher und gelassener gemacht. Er ist Praktiker durch und durch: Auch die hier vorgestellten Ideen sind bereits in zahlreichen Firmen erfolgreich zum Einsatz gekommen. Hier lesen Sie nichts, was nur am Reißbrett erdacht wurde. Der Erfolg seiner begeisterten Kunden beweist, dass seine Tipps funktionieren.

Mehr Lebensqualität

Der Experte für Effizienz im Büro leistet damit wieder einen wichtigen Beitrag für mehr Lebensqualität am Arbeitsplatz. Er beweist: *Für immer aufgeräumt* ist möglich – auch digital.

Fangen Sie sofort an

Mein Rat an Sie: Fangen Sie sofort an und setzen Sie die Tipps schon beim Lesen um. So verändern Sie noch heute Ihr Leben – für immer.

Werner Tiki Küstenmacher

Einstieg

So holen Sie aus diesem Buch am meisten heraus

Eine Lawine seit 2007

Als der GABAL Verlag im Jahre 2007 mein Buch *„Für immer aufgeräumt"* veröffentlichte, konnte keiner von uns ahnen, was für eine Lawine wir damit auslösen würden:

- Das Buch wurde und wird von den Lesern geliebt: Es erschien bis heute in 8 Auflagen.
- *„Für immer aufgeräumt"* kam auf die Wirtschaftsbücher-Bestsellerliste der Financial Times Deutschland – und blieb dort für 22 Wochen (dann wurde die Liste leider eingestellt).
- Die führende deutsche Wirtschaftsbuchhandlung im Internet, managementbuch.de, kürte *„Für immer aufgeräumt"* zum Testsieger in der Kategorie „Arbeitstechniken".

Erstaunliche Ergebnisse

Für mich am wichtigsten: Tausende Mitarbeiterinnen und Mitarbeiter in Unternehmen aller Branchen und Größenordnungen durfte ich gemeinsam mit meinem Team im In- und Ausland dabei unterstützen, die Ideen des Buches in die Praxis umzusetzen – mit dauerhaften Erleichterungen für die Teilnehmer.

Wunsch, das Tagwerk gelassen zu meistern

Inzwischen hat sich die Welt weiterentwickelt: Smartphones sind heute ebenso alltäglich wie Tablets und cloudbasierte Apps. Eines blieb angesichts von E-Mail-Flut und Datenchaos aber gleich: der Wunsch, sein Tagwerk gelassen zu meistern.

So holen Sie aus diesem Buch am meisten heraus

Heraussuchen, was passt

- Im vorliegenden Buch finden Sie leicht umsetzbare Ideen für den eigenen Arbeitsplatz und für die flüssige Zusammenarbeit mit anderen. Suchen Sie sich – wie bei einer *Speisekarte* im Restaurant – das heraus, was für Sie am besten passt.

Schritt für Schritt besser werden

- Jeder einzelne Tipp kann Ihnen Nutzen stiften, sodass Sie Schritt für Schritt kleine und nachhaltig *wirksame Veränderungen genießen* können. Das ist der Ansatz von Kaizen: Durch kleine Verbesserungen immer wieder ein bisschen besser zu werden. Wenn Sie mehr zu meinem Verständnis von Büro-Kaizen® erfahren wollen oder Einblicke in meine Beratungspraxis gewinnen möchten, finden Sie unter www.buero-kaizen.de weiterführende Informationen.

- Wichtig ist, dass Sie nicht warten, bis die Umstände perfekt sind. Eine umgesetzte *80-Prozent-Lösung* ist besser als eine 100-Prozent-Lösung, die noch auf ihre Realisierung wartet.

Nicht warten, sondern starten

- Sie werden feststellen, dass ich mit Tipps für konkrete Apps eher zurückhaltend bin. Grund: Sie ändern sich schnell. Was bleibt, sind die Prinzipien. Deshalb ist mir das Klären von Prinzipien so wichtig. Erst wenn sie klar sind, kann die EDV als Arbeitsmittel sinnvoll eingesetzt werden. Tools können zudem ganz schön ablenken und die Komplexität erhöhen. Ich lade Sie daher dazu ein, sich mindestens genauso gern mit den *Kaizen-Prinzipien* zu beschäftigen. An den entsprechenden Stellen finden Sie jeweils Anregungen. Vieles lässt sich schon mit „Bordmitteln" lösen. Konkrete Tipps zu Apps finden Sie dann auf meiner Website. Ich habe diese Hinweise durch die nebenstehende Illustration markiert.

Erst Kaizen-Prinzipien, dann Apps

- Meine Bitte ist: Experimentieren Sie. Finden Sie *Ihren* eigenen Weg. *Gut ist, was Ihnen gut tut.*

Wie schon *„Für immer aufgeräumt"* enthält *„Für immer aufgeräumt – auch digital"* nur Tipps, die wir und unsere Kunden im Alltag erprobt haben. Diese Tipps stiften Nutzen, so wie es alle, die uns bereits kennen, von unseren Seminaren, Vorträgen und vor allem von unseren Umsetzungsberatungen gewohnt sind.

Im Alltag erprobt

Folgen Sie den Ideen dieses Buches, ergeben sich diese Effekte:

- Alles, was Sie empfangen (E-Mails, Dateien), hat seinen Platz und steht Ihnen mit einem Griff bzw. wenigen Klicks zur Verfügung – Sie werden somit stets den *Überblick behalten.*
- Der Computer ist *kein Stressfaktor mehr,* sondern hilft Ihnen dabei, Ihre Ziele zu erreichen.

Mit Freude darüber, dass Sie die alltäglichen Herausforderungen schon ab heute souveräner bewältigen können,
sendet *aufgeräumte* Grüße
Ihr Jürgen Kurz (j.kurz@buerokaizen.de)

Selbst-
test

Finden Sie heraus, wo Sie stehen

Bevor Sie dieses Buch lesen, können Sie den folgenden Selbsttest machen. Er verschafft Ihnen einen ersten Überblick darüber, wie gut Sie Ihre digitale Arbeit bisher organisiert haben und wo Sie vielleicht noch Nachholbedarf haben.

Bitte kreuzen Sie Ihre Antwort an.

Eigener digitaler Arbeitsplatz

1. Für die eigene Ablage gibt es klare Spielregeln (was wird digital und was in Papierform abgelegt). □ Ja □ Nein
2. Eine ungewollte Mehrfachspeicherung von Dateien wird vermieden. □ Ja □ Nein
3. Dokumente werden immer mit einem eindeutigen Dateinamen (z. B. mit Datum) abgespeichert. Es ist sichergestellt, dass stets die aktuelle Version identifiziert werden kann. □ Ja □ Nein
4. Regelmäßig verwendete Dateien wie Telefonverzeichnis, Kostenstellenplan etc. sind so abgespeichert, dass die Zugriffszeiten unter einer Minute liegen (z. B. durch Unterverzeichnis mit Datei-Verknüpfungen). □ Ja □ Nein
5. Der Desktop ist so organisiert, dass er entweder frei ist oder die dort gespeicherten und verlinkten Dokumente und Programme übersichtlich und logisch angeordnet sind. □ Ja □ Nein

6. Passwörter und Login-Daten zu Webseiten sind sicher verwahrt und trotzdem immer sofort zur Hand. ☐ Ja ☐ Nein

7. Es gibt keine Beeinträchtigung der Arbeitsleistung durch fehlendes Druckerpapier, Tonermangel oder technische Mängel wie zum Beispiel unzureichende EDV-Ausstattung, Computerabstürze etc. ☐ Ja ☐ Nein

Umgang mit E-Mails

8. Akustische und optische E-Mail-Empfangssignale sind deaktiviert. Das gilt auch für mobile Geräte (Tablet, Smartphone etc.). ☐ Ja ☐ Nein

9. E-Mails werden mehrmals täglich im Block abgearbeitet. ☐ Ja ☐ Nein

10. E-Mails werden nach einer der folgenden fünf Möglichkeiten verarbeitet (und nicht nur gesichtet): löschen, weiterleiten, archivieren, bearbeiten oder terminieren. ☐ Ja ☐ Nein

11. Bei Arbeitsende ist der E-Mail-Posteingang verarbeitet oder leer. ☐ Ja ☐ Nein

12. Aufgaben und Termine aus E-Mails werden systematisch in das Wiedervorlagesystem eingepflegt und termingerecht erledigt. ☐ Ja ☐ Nein

13. Für den Umgang mit E-Mails existieren von allen eingehaltene, klare E-Mail-Spielregeln (z. B. Umgang mit dem CC-Feld, klare Betreffzeile, 1 Thema pro E-Mail, Autosignatur, Verteilerkreis so klein wie möglich etc.). ☐ Ja ☐ Nein

14. Alle relevanten E-Mails (intern und extern) werden termingerecht oder innerhalb einer gemeinsam vereinbarten Antwortzeit beantwortet (z. B. 2 Arbeitstage). Wo dies nicht möglich ist, erfolgt eine Zwischeninfo. ☐ Ja ☐ Nein

Digitale Zusammenarbeit

15. Es gibt klare Vertretungsspielregeln (Vertreterinfo, Einrichtung Abwesenheitsfunktion in Outlook, Umstellung Telefon etc.). Alle Mitarbeiter halten sich an diese Spielregeln. ☐ Ja ☐ Nein

16. Zugriffsrechte auf Dateien und E-Mails sind für den Vertretungsfall sichergestellt. ☐ Ja ☐ Nein

17.	Gemeinsam genutzte Dateien (z. B. Projektdaten) werden nach einer eindeutigen Struktur abgespeichert. Eine unerwünschte Mehrfachspeicherung wird somit vermieden.	☐ Ja ☐ Nein
18.	Auf jedem internen (und externen) Dokument stehen Dateiname und Pfad.	☐ Ja ☐ Nein
19.	Jeder Mitarbeiter kennt und findet alle Dokumente, E-Mails, Vorlagen, Dateien etc., die er zur Erledigung seiner Aufgaben braucht, stets innerhalb einer Minute.	☐ Ja ☐ Nein
20.	Ein ortsunabhängiger und sicherer Zugriff auf relevante Daten ist gewährleistet (E-Mails, Kontakte, Termine, Dokumente, Präsentationen, Bilder etc.). Die Synchronisation der Daten findet automatisch statt.	☐ Ja ☐ Nein
21.	Alle Mitarbeiter nutzen ein zentrales Adressverzeichnis. Die Kontaktdaten sind gepflegt und frei von Dubletten. Der Zugriff ist auch mobil möglich.	☐ Ja ☐ Nein
22.	Alle Mitarbeiter kennen die Funktionen und nutzen die relevanten Möglichkeiten ihrer Anwendungsprogramme (z. B. Outlook, Excel, Word etc.) einschließlich der wichtigsten Shortcuts.	☐ Ja ☐ Nein
23.	Alle Mitarbeiter sind in den Umgang mit Kopierer, Digitalkamera, Beamer etc. eingewiesen. Für Schulungszwecke und Fragen existieren Kurzanweisungen („One-Minute-Lessons"), die die wesentlichen Bedienfunktionen erläutern.	☐ Ja ☐ Nein
24.	Gemeinsam genutzte Geräte wie Digitalkamera, Beamer etc. sind immer einsatzbereit und haben einen festen Aufbewahrungsort. Sind die Geräte im Einsatz, ist bekannt, wer sie verwendet (zum Beispiel durch eine Entnahmeliste).	☐ Ja ☐ Nein
25.	Zuständigkeiten für EDV-Fragen sind klar geregelt. Jeder Mitarbeiter weiß, an wen er sich bei Fragen wenden kann. Auch hierfür gibt es Vertretungsspielregeln, die eingehalten werden.	☐ Ja ☐ Nein
26.	Alle relevanten Daten werden regelmäßig gesichert. Das beinhaltet auch lokal gespeicherte Dateien.	☐ Ja ☐ Nein
27.	Durch digitale Hilfsmittel wird die Planung und Effizienz von Besprechungen erhöht (z. B. Besprechungsanfrage über Outlook, Sofortprotokoll über PC/Beamer, Online-Meetings etc.).	☐ Ja ☐ Nein

Service: Diese und weitere Checklisten zum Thema „Effizienzsteigerung im Büro" finden Sie gratis unter www.buero-kaizen.de/buch.

Auswertung

Hinweise auf Potenziale

Dieser Selbsttest gibt Ihnen einen ersten Hinweis auf die Frage, wo Sie stehen. Durch die jeweiligen Antworten haben Sie zugleich markiert, wo sich Ihre Verbesserungspotenziale befinden: Überall, wo Sie „Nein“ angekreuzt haben, wartet eine Chance auf Sie.

Wie oft haben Sie „Ja“ angekreuzt?

28-mal

Sie haben sich verzählt :-)

27- bis 22-mal

Glückwunsch! Sie sind bereits sehr gut organisiert und wissen, auf welche Techniken es ankommt. Mit Ihnen zu arbeiten, ist ein Privileg! Trotzdem sind wir uns sicher, dass auch Sie einige Tipps finden, die Ihnen das Arbeiten noch weiter vereinfachen.

21- bis 15-mal

Glückwunsch! Sie wissen bereits einiges darüber, wie man den Computer und die Arbeit im Büro organisiert. Wenn Sie dieses Buch aufmerksam durcharbeiten, werden Sie eine Reihe von Anregungen erhalten, die Sie spürbar voranbringen.

14- bis 8-mal

Bei Ihnen gibt es – wie bei vielen Menschen und in vielen Büros – verschiedene Themen, mit denen Sie sich eingehender befassen sollten. Sie werden dabei sehen, dass es noch eine ganze Reihe von Möglichkeiten gibt, die Sie ausschöpfen können. Dieses Buch wird Ihnen dabei helfen, einen deutlichen Zuwachs an Effizienz und Arbeitsfreude zu erleben. Glückwunsch!

7- bis 1-mal

Glückwunsch! Sie haben das meiste Potenzial! Befassen Sie sich mit den Ideen in diesem Buch und setzen Sie die Ratschläge mit wachen Sinnen um. Sie werden darüber erstaunt sein, welche positiven Veränderungen in Ihrem Arbeitsleben möglich sind. Viel Erfolg!

Woran erkennt man,
dass man
unwichtig ist?

Man bekommt nicht
einmal Spam-Mails.

Unbekannt

1

Meistern Sie die E-Mail-Flut entspannt

Wie viele E-Mails sind in Ihrem Posteingang?

Hand aufs Herz: Wie viele E-Mails haben Sie gerade in Ihrem Posteingang? Wenn es weniger als sieben sind, können Sie dieses Kapitel überspringen. Ansonsten lesen Sie gern weiter.

Vorteile von E-Mails

E-Mails sind eine großartige Sache. Sie eignen sich vor allem für:

- *schnelle Mitteilungen* an einen oder mehrere Adressaten,
- Informationen, die dem Empfänger auch in seiner *Abwesenheit* übermittelt werden können,
- *Dateien,* die vom Empfänger weiterbearbeitet werden,
- Informationen, die dem Empfänger zugestellt werden sollen, ohne seinen *Arbeitsablauf* zu unterbrechen.

Stressige Räuber

E-Mails sind inzwischen jedoch für viele zu stressigen Zeit- und Motivationsräubern geworden. Es ist freilich nicht das Medium E-Mails selbst, das Schaden anrichtet. Entscheidend ist allein die Frage, wie wir E-Mails benutzen.

Ein Negativbeispiel

Bei einer meiner Umsetzungsberatungen wurde mir von einem Fall erzählt, bei dem ein Mitarbeiter sein gebrauchtes Fahrrad über das unternehmensinterne E-Mail-Netzwerk verkauft hat. Die Nachricht hat Tausende Mitarbeiter am Standort erreicht. Es wurde berechnet, dass die Lesezeit ein Vielfaches des Wertes ausgemacht hat, den das Fahrrad kosten sollte. Das nervt.

Aufwand minimal halten

Die Tipps auf den folgenden Seiten helfen, den Aufwand für E-Mails minimal zu halten und sich auf wichtigere Aufgaben zu konzentrieren. Sie werden keine wichtige Anfrage oder Information mehr im Chaos überfüllter Posteingänge übersehen.

Service: Vor einiger Zeit gab ich einer österreichischen Ärzte-Zeitung ein Interview zum Thema E-Mail-Flut. Sie finden es gratis unter www.buero-kaizen.de/buch.

1.1 Reduzieren Sie die Zahl Ihrer Posteingänge

Jeder Kanal kostet Zeit

Heutzutage gibt es viele Möglichkeiten, Nachrichten zu senden und zu empfangen: Nachrichten in Online-Netzwerken wie Facebook, XING und LinkedIn oder Direktnachrichten an Twitter-Follower sind nur einige Beispiele. Jeder zusätzliche Kanal kostet aber Zeit und Aufmerksamkeit.

So gehen Sie vor

Arbeiten Sie wenn möglich mit nur einem Kanal, nämlich mit E-Mails. Dort landet Ihre gesamte digitale Kommunikation.

Was der Tipp bewirkt

Das Bündeln auf einen Kanal hat viele Vorteile:

Alles an einem Ort

- Alle Nachrichten finden Sie übersichtlich *an einem einzigen Ort* und können von dort auch beantwortet werden. Das Einloggen in die unterschiedlichen Netzwerke entfällt – auch die damit verbundenen *Ablenkungen fallen weg.*

Gut durchsuchbar

- Ihre gesamte Kommunikation ist *problemlos durchsuchbar.* Sie müssen nicht mehr überlegen, in welchem Netzwerk die Korrespondenz geführt wurde.

Herr über die Daten

- Sie sind *Herr über die Daten.* Wenn eines der von Ihnen genutzten Netzwerke einmal schließen sollte, ist auch die dort gespeicherte Kommunikation weg. E-Mails auf Ihrem Computer bzw. Server mit den darin enthaltenen Daten und Informationen kann Ihnen keiner nehmen.

Darauf kommt es an

Per E-Mail antworten

Schreibt Ihnen jemand auf einem anderen Kanal, antworten Sie wenn möglich per E-Mail, inklusive einer Zeile zur Erklärung.

Extra-Tipp

Auch Faxe und Sprachnachrichten

Selbst Faxe und Nachrichten auf dem Anrufbeantworter können Sie zum Beispiel in Ihren E-Mail-Posteingang lenken lassen. Sie können sie dann auch von unterwegs lesen bzw. abhören.

Service: Tipps für das Einrichten von Anrufbeantworter und Fax finden Sie gratis unter www.buero-kaizen.de/buch.

1.2 Optimieren Sie die Einstellungen Ihres E-Mail-Programms

Ablenkungen durch Mails

E-Mail-Programme sind oft so eingestellt, dass Ablenkungen entstehen. Dies bestätigt die große Arbeitseffizienz-Studie, die ich gemeinsam mit der AKAD Hochschule Leipzig durchgeführt habe: 42 Prozent der Befragten fühlen sich belastet, weil sie durch E-Mails von ihrer Arbeit abgelenkt werden. Durch gezielte Einstellungen des E-Mail-Programms können Sie Ablenkungen vermeiden.

So gehen Sie vor

Stellen Sie das E-Mail-Programm so ein, dass es ein konzentriertes Arbeiten unterstützt. Diese Tipps haben sich bewährt:

Signale ausschalten

- Deaktivieren Sie akustische und optische *Signale*, die Ihnen den Eingang einer neuen E-Mail anzeigen.

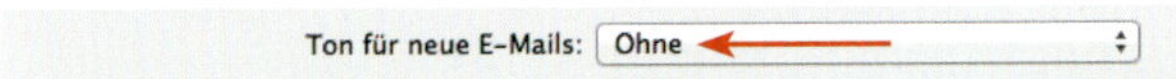

Unwichtiges ausblenden

- Blenden Sie alle Informationen aus, die für Sie *unwichtig* sind, etwa Header-Details, E-Mail-Größe oder -Prioritäten.

Neue Mails bewusst holen

- Wenn Sie eine neue E-Mail senden, werden dabei meist *neue E-Mails abgeholt*. Doch neue Mails bedeuten neue Ablenkungen. Stellen Sie das Programm so ein, dass neue E-Mails nur dann abgeholt werden, wenn Sie dies auch tatsächlich wollen.

Was der Tipp bewirkt

Proaktiv arbeiten

Sie können proaktiv arbeiten und sich besser auf die aktuelle Aufgabe konzentrieren. Zudem können Sie den Posteingang komplett leerräumen, ohne Gefahr zu laufen, durch neue Mails abgelenkt zu werden. *Proaktives* Arbeiten setzt Kräfte frei; wer immer nur *reagiert*, kann im schlimmsten Falle krank werden.

Extra-Tipp

Smartphone und Tablet

Falls vorhanden, denken Sie auch an Ihr Smartphone und Ihr Tablet. Hier können diese Einstellungen ebenfalls sinnvoll sein.

Service: Wie Sie den Empfang neuer E-Mails beim Senden einer E-Mail abschalten, zeige ich Ihnen gratis bei www.buero-kaizen.de/buch. Dort finden Sie auch die erwähnte Studie.

1.3 Räumen Sie Ihren Posteingang frei

Zu viele alte Nachrichten

Der Posteingang ist oft sehr voll mit unbearbeiteten Nachrichten. Das kann lähmend wirken und das Einüben nützlicher Gewohnheiten im Umgang mit E-Mails erschweren.

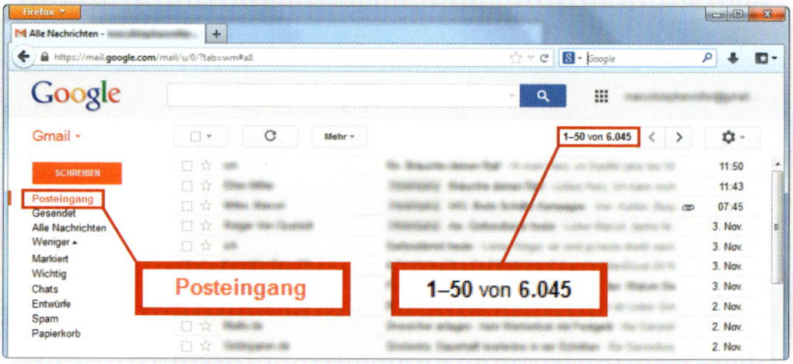

So gehen Sie vor

Erstellen Sie ein Postfach „Von früher". Verschieben Sie die E-Mails aus dem Posteingang in diesen Ordner. Jetzt haben Sie einen leeren Posteingang, den Sie mit den Gewohnheiten, die Sie im weiteren Verlauf des Kapitels kennenlernen, auch leer halten können.

Was der Tipp bewirkt

Neu beginnen

Für den Start ist es besser, neu zu beginnen und alles zu verarbeiten, was Sie neu hereinbekommen. Sonst leben Sie zu sehr im Gestern. Ein leerer Posteingang kann einem zudem ein gutes Gefühl geben, ähnlich wie ein leerer Schreibtisch.

Darauf kommt es an

Widmen Sie sich bevorzugt den neu eintreffenden E-Mails – von nun an zeitnah und zuverlässig. Die alten E-Mails können Sie zügig durchgehen und sich dafür täglich kurze Blöcke von 10 bis 15 Minuten nehmen. So haben Sie die Sicherheit, nichts zu übersehen – und zugleich ist das alte E-Mail-Chaos außer Sichtweite. Manche können es sich sogar leisten, die alten E-Mails gar nicht zu bearbeiten. Wer etwas wirklich Wichtiges möchte, wird sich wieder melden. Vielleicht ist das ja bei Ihnen auch so.

1.4 Missbrauchen Sie Ihren Posteingang nicht als To-do-Liste

Wichtige E-Mails verschwinden

In meinen Umsetzungsberatungen erlebe ich es immer wieder, dass der Posteingang als To-do-Liste benutzt wird nach dem Motto: „Oh, da muss ich nochmal nachhaken. Ich lasse die E-Mail im Posteingang, damit ich es auch nicht vergesse." Irgendwann kommt man nicht mehr nach, und so bläht sich der gerade erst geleerte Posteingang wieder auf und die Gefahr ist groß, dass in der Fülle auch E-Mails verschwinden, obwohl sie wichtig sind.

So gehen Sie vor

Nutzen Sie eine separate To-do-Liste. Eine einfache Textdatei reicht oft schon aus. Oder nutzen Sie eine Aufgabenverwaltung wie beispielsweise die in Microsoft Outlook (s. auch Kapitel 7). Übertragen Sie die Aufgaben, indem Sie die relevanten Passagen kopieren und einfügen.

Was der Tipp bewirkt

Wenn Sie mit einer To-do-Liste oder einer Aufgabenverwaltung arbeiten, hat dies viele Vorteile:

Neue Betreffzeilen

- Sie können die *Betreffzeilen* ändern. Das ist nötig, wenn die Angaben im Betreff der E-Mail gar nichts mit dem To-do-Punkt zu tun haben, der für Sie wichtig ist.

Ein To-do-Punkt pro Aufgabe

- Möglicherweise enthält eine E-Mail *mehrere To-do-Punkte*. Was ist, wenn Sie einige schon abgearbeitet und andere noch zu erledigen haben? Erstellen Sie deshalb für jede Aufgabe einen separaten To-do-Punkt. Dann müssen Sie nicht jedes Mal mehr Text lesen und durchdenken, als nötig ist.
- Anders als E-Mails können Sie Ihre Aufgaben *neu anordnen.* So können Sie die To-do-Punkte zum Beispiel nach Fristen sortieren.

Freier Posteingang

- Ihr Posteingang bleibt *frei.* Das verschafft ein gutes Gefühl.

Darauf kommt es an

Betreff gut formulieren

Bezeichnen Sie die Aufgaben so klar, dass Sie später gleich wissen, was zu tun ist. Es bewährt sich, den nächsten Schritt zu benennen; statt „Vertragsentwurf" also „Vertrag mit Anwalt beraten."

1.5 Geben Sie Ihren E-Mails eine Heimat

Häufig sind E-Mails völlig chaotisch oder aber zu fein strukturiert abgelegt.

Beispiel für eine stark strukturierte Ablage

So gehen Sie vor

Erstellen Sie eine Ordnerstruktur, die zu Ihrer Arbeit passt. Dazu reichen wenige Ordner völlig aus. Einige Anregungen:

Erledigt-Ordner

- Der *Erledigt*-Ordner: Hier kommen alle E-Mails hinein, die Sie verarbeitet haben. Sollten Sie sie später benötigen, finden Sie sie über die Suchfunktion ruckzuck wieder.

Warten-Ordner

- Der *Warten*-Ordner: Hier legen Sie E-Mails zu Aufgaben ab, bei denen Sie erst weiter kommen, wenn jemand anderes seinen Teil erledigt hat. Ein Klick in den Ordner zeigt, was alles offen ist und wo Sie ggf. nachhaken sollten. Ist eine Sache erledigt, können Sie die betroffene E-Mail in den *Erledigt*-Ordner verschieben. Passen Sie bitte auf, dass dieser Ordner nicht zum Grab wird. Er funktioniert nur, wenn er „lebt".

Temporäre Ordner

- *Temporäre Ordner*, etwa für Online-Workshops: Hierhin kommen alle E-Mails, die mit dem Workshop zu tun haben. Nach Kursende verschieben Sie den kompletten Ordner in „*Erledigt*".

Extra-Tipp

Eigene Reihenfolge

Sie wollen die Reihenfolge Ihrer Ordner selbst bestimmen, Ihr E-Mail-Programm sortiert die Ordner aber alphabetisch? Dann stellen Sie Zahlen vor den Namen des Ordners:

- 01 Erledigt
- 02 Warten
- 03 „Aufgeräumter Schreibtisch" – www.workshops365.de

Darauf kommt es an

Lieber einer zu wenig als einer zu viel

Nutzen Sie eher einen Ordner zu wenig als einen zu viel. Überprüfen Sie von Zeit zu Zeit, ob Sie die Ordner auch nutzen. Falls nicht, verschieben Sie ungenutzte Ordner einfach in *Erledigt.*

Was der Tipp bewirkt

Mehr Effizienz

Sie verlieren keine Zeit mehr mit der Überlegung, in welchem Ordner eine verarbeitete E-Mail abgelegt werden muss. Auch das Wiederfinden alter E-Mails geht schneller. Dies ist inzwischen auch durch eine Studie belegt.

Service: Weitere Informationen zur erwähnten Studie finden Sie gratis unter www.buero-kaizen.de/buch.

1.6 Verarbeiten Sie Ihre E-Mails, statt sie nur zu sichten

Stress durch „Verstopfung"

Wenn eine E-Mail nur gesichtet wird, statt sie zu verarbeiten, bleibt sie im Posteingang. Die Folge: Der Posteingang „verstopft". Der spätere Blick auf E-Mails im Posteingang, die schon geöffnet, aber noch nicht verarbeitet wurden, kann Stress erzeugen.

Den ganzen Tag nur E-Mails?

Bei unseren Büro-Kaizen-Umsetzungsberatungen treffen wir in Unternehmen immer wieder auf Menschen, die uns berichten, sie könnten den ganzen Tag mit der Bearbeitung von E-Mails zubringen. Wenn jemand im Support arbeitet, ist dies ja noch zu verstehen. In den meisten anderen Fällen jedoch liegt die Ursache für das Phänomen darin, dass ein wirksamer Weg für den Umgang mit E-Mails nicht bekannt ist. Dabei ist das *Verarbeiten* eine Strategie, mit der ein Posteingang dauerhaft schlank oder auch leer gehalten werden kann.

So gehen Sie vor

Verarbeiten Sie Ihre E-Mails, statt sie nur zu sichten. Gehen Sie dabei die folgenden fünf Schritte:

Löschen

1. *Löschen*
   Alles, was für Sie nicht relevant ist und es auch nicht werden wird, löschen Sie sofort.

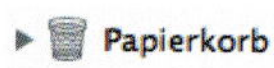

Weiterleiten

2. *Weiterleiten (Delegieren)*
   E-Mails, die von jemand anderem zu bearbeiten sind, leiten Sie direkt weiter.

Ablegen

3. *Archivieren*
   Sie müssen bei einer E-Mail nichts tun, außer sie zur Kenntnis zu nehmen? Dann tun Sie dies jetzt und legen Sie sie anschließend im *Erledigt*-Ordner ab.

4. *Bearbeiten*

Erledigen

Wenn sich in der E-Mail eine Aufgabe verbirgt und Sie diese Aufgabe innerhalb von fünf Minuten erledigen können, tun Sie es sofort. Dieser Rat wird auch als 5-Minuten-Regel bezeichnet. Mithilfe dieses Schrittes schonen Sie Ihre To-do-Liste und vergeuden keine Zeit. Warum fünf Minuten? Das Anlegen eines neuen To-do-Punktes kostet ebenso Zeit wie das erneute Hineindenken in die Frage, was eigentlich zu tun ist. Daher ist es sinnvoll, neue Aufgaben nur dann anzulegen, wenn sich dieser Aufwand auch wirklich lohnt. Freilich steht es Ihnen frei, statt der fünf Minuten auch nur zwei zu nehmen. Probieren Sie aus, welche Grenze für Sie sinnvoll ist.

5. *Terminieren*

Termin eintragen

Manche E-Mails können nicht sofort erledigt werden oder Sie brauchen mehr als fünf Minuten, um sie zu bearbeiten. Falls es sich um einen *Termin* handelt (fester Zeitpunkt, Beispiel: „30. April, 9 Uhr"), tragen Sie diesen jetzt in Ihrem Kalender ein (ggf. mit Verknüpfung zur E-Mail – ein Klick im Kalender öffnet dann die zugehörige E-Mail).

To do eintragen

Vielleicht handelt es sich aber um eine *Aufgabe ohne festes Zeitfenster,* auch *To do* genannt. Manchmal gibt es ein Fälligkeitsdatum, aber wann Sie die Aufgabe vor diesem Datum genau bearbeiten, bleibt Ihnen überlassen. In diesem Fall erstellen Sie eine neue Aufgabe in Ihrer To-do-Liste. Nützliche Tipps zum Umgang mit Terminen und Aufgaben finden Sie übrigens im Kapitel 7.

Das Postfach ist leer

Es gibt letztlich nur diese fünf Schritte. Sind sie gegangen, bleibt keine E-Mail zurück, das Postfach ist wieder leer. Das kann sehr befreiend wirken!

Eine Minute pro E-Mail

Durchschnittlich brauchen Sie bei diesem Vorgehen etwa eine Minute pro E-Mail – das ist ein guter Anhaltspunkt für Ihre Zeitplanung. Mit diesen Entscheidungsmöglichkeiten können Sie ohne Probleme bis zu 30 E-Mails in einer halben Stunde verarbeiten – probieren Sie es aus.

Darauf kommt es an – Nr. 1

Nichts im Posteingang zurücklassen

Überfliegen Sie die E-Mail nicht einfach und lassen Sie sie anschließend im Posteingang zurück, um sich die nächste E-Mail anzuschauen. Entscheiden Sie nach dem Öffnen sofort, was zu tun ist – und tun Sie es. Das ist entscheidend für den Erfolg dieses Vorgehens! Würden Sie eine geöffnete E-Mail unverarbeitet im Posteingang lassen und zur nächsten E-Mail übergehen, wäre dies so, als würden Sie einen geöffneten Brief, den Sie überflogen haben, zurück in den Briefkasten legen. Auch das würde auf Dauer nicht gut gehen.

Was der Tipp bewirkt

Viele Vorteile

Wenn Sie einen guten Umgang mit E-Mails eingeübt haben, profitieren Sie von vielen Vorteilen:

- Sie verarbeiten die neu eingetroffenen E-Mails *effizient.*
- Zugleich verringert sich die Sorge, möglicherweise etwas Wichtiges vergessen zu haben – *alle Termine* sind im Kalender notiert, *alle Aufgaben* in der To-do-Liste erfasst.
- Ihre Aufgaben können Sie *konzentriert abarbeiten,* ohne permanent von neuen E-Mails (und den darin enthaltenen Informationen und weiteren Aufgaben) abgelenkt zu werden.
- Am Abend sind zwar nicht alle Aufgaben, die Sie heute neu bekommen haben, abgearbeitet – aber Ihr *Posteingang ist wieder leer.* Das fühlt sich gut an.
- Wenn Sie am nächsten Arbeitstag das E-Mail-Fenster öffnen, wird Ihre Aufmerksamkeit nicht mit *Altlasten* strapaziert.

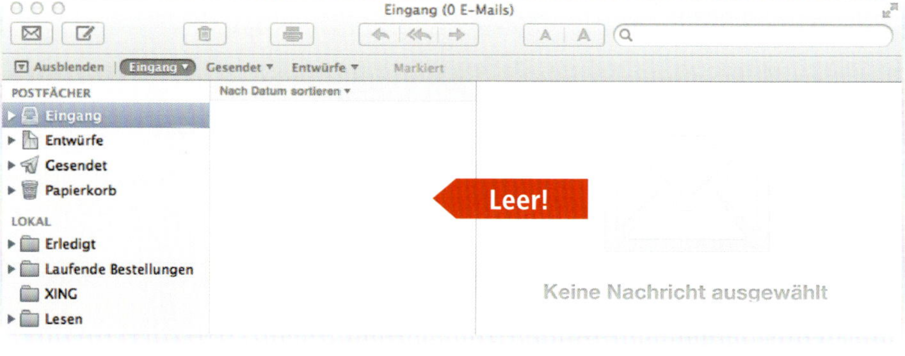

Darauf kommt es an – Nr. 2

In Blöcken erledigen

Es hat sich bewährt, das Verarbeiten in Blöcken zu erledigen. Auf diese Weise werden Sie nicht mehr ständig von Ihren eigentlichen Aufgaben abgelenkt. Idealerweise verknüpfen Sie die Blöcke zur Verarbeitung neuer E-Mails mit Abschnitten Ihres Tagesablaufes, die regelmäßig vorkommen. Legen Sie beispielsweise einen Block vor die Mittagspause und einen weiteren vor den Feierabend. Dann haben Sie ein Eigeninteresse, sich nicht allzu lange mit den einzelnen E-Mails aufzuhalten und die Antworten möglichst knapp und präzise ausfallen zu lassen (Ihre Korrespondenzpartner werden Ihnen dafür dankbar sein).

Maximal 30 Minuten

Es hat sich als sinnvoll erwiesen, maximal 30 Minuten für einen Block zu reservieren. Falls Sie weitere Blöcke brauchen und eine Frühstücks- und Kaffeepause machen, könnten Sie die weiteren Blöcke maximal eine halbe Stunde vor den Beginn der Pausen legen. Sie haben das Prinzip bestimmt schon verstanden …

Tun, was möglich ist

Es ist kein Drama, wenn es einige ungeöffnete E-Mails im Posteingang gibt, obwohl der Block vorüber ist. Erledigen Sie, was Ihnen in diesem Block möglich ist – wichtig ist nur, einmal geöffnete E-Mails auch wirklich zu verarbeiten.

Extra-Tipp

Wie beim Führerschein

E-Mails zu verarbeiten ist so ähnlich, wie den Führerschein zu machen. Am Anfang sitzt man im Auto und es gibt so viel zu beachten. Zugleich soll man nach vorne schauen. Wohl jeder hat sich irgendwann einmal gefragt: Wie soll das gehen? Schließlich ging es dann doch. Als geübter Autofahrer klappt dann alles locker. Manche können sogar gleichzeitig noch telefonieren.

Haben Sie Geduld mit sich selbst

Hier ist es so ähnlich. Auf die Übung kommt es an. Haben Sie Geduld mit sich selbst. Falls es noch nicht so richtig klappt: Probieren Sie es immer wieder neu. Bald wird auch Ihnen das Verarbeiten der E-Mails so geläufig sein wie das Autofahren.

Service: Eine visuelle Übersicht der fünf Schritte finden Sie gratis unter www.buero-kaizen.de/buch.

1.7 Beschleunigen Sie das Beantworten Ihrer E-Mails

Mühsames Tippen

E-Mails werden häufig so beantwortet, dass Buchstabe für Buchstabe und Wort für Wort einzeln eingegeben werden. Das ist mühsam. Möglichkeiten, das Beantworten zu vereinfachen und zugleich zu beschleunigen, sind oft nicht bekannt.

So gehen Sie vor

Es gibt mindestens vier verschiedene Möglichkeiten, mit denen Sie das Beantworten von E-Mails beschleunigen können:

Kurz fassen

1. *Weniger schreiben*
   In vielen Fällen reichen ein paar kurze Sätze völlig aus.

Nützliche Abkürzungen

2. *Tastaturkürzel nutzen*
   Die wichtigsten Funktionen der Anwendungsprogramme lassen sich über Tastaturkürzel (Shortcuts) schnell und komfortabel nutzen. Dies gilt auch für die meisten E-Mail-Programme. Das Ansteuern der Befehle per Maus entfällt. Der Schreibvorgang wird spürbar „flüssiger“.

   Einige Beispiele für Abkürzungen, die Sie einüben können:
   - *Kopieren* eines ausgewählten Elements (zum Beispiel ein komplizierter Name, den Sie nicht neu schreiben wollen): STRG+C
   - *Einfügen* eines ausgewählten Elements (um den komplizierten Namen, den Sie eben kopiert haben, an der passenden Stelle einzufügen): STRG+V
   - *Ausschneiden* eines ausgewählten Elements (wenn Sie beispielsweise einen eben geschriebenen Satz wieder löschen wollen): STRG+X
   - *Rückgängigmachen* einer Aktion (um zum Beispiel den gelöschten Satz doch wieder einzufügen): STRG+Z
   - *Alles auswählen:* STRG+A
   - *Drucken*: STRG+P

Hinweis: Bei manchen Tastaturen heißt die STRG-Taste „Ctrl“.

3. *Funktionen wie „Quicksteps" nutzen*

   Schneller mit Quicksteps

   Wenn Sie mit Outlook 2010 (oder neuer) arbeiten und immer wieder die gleichen Abläufe durchführen, können Sie mit Quicksteps Zeit sparen. Beispiel: Beantworten Sie eine E-Mail mit einem Standardtext, verschieben Sie die E-Mail in einen Unterordner und erstellen Sie aus der E-Mail eine Aufgabe mit Erinnerung in drei Tagen – alles mit *einem* Klick.

4. *Autotext-Funktionen bzw. -Programme nutzen*

   Automatisches Ersetzen

   Ihr Computer kann während der Eingabe automatisch bestimmte Textbausteine einsetzen. Sie müssen dann nur noch die zugehörigen Kürzel eingeben. Statt „Sehr geehrte Damen und Herren" tippen Sie dann nur „sgdh" (falls Sie dieses Kürzel entsprechend angelegt haben). Diese Funktion ist nicht nur bei häufig genutzten Phrasen nützlich, sondern beispielsweise auch bei komplizierten oder langen Namen, mit denen Sie immer wieder zu tun haben. Sie tippen die Abkürzung, der Computer ersetzt sie durch die korrekten Wörter. Übrigens: Die Grundfunktionen sind im Betriebssystem bereits mitgeliefert. Wer etwas mehr Komfort wünscht, kann auf entsprechende Programme zurückgreifen.

Was der Tipp bewirkt

Weniger Zeit

Das Schreiben von E-Mails verbraucht deutlich weniger Zeit.

Darauf kommt es an

Viele Möglichkeiten

Achten Sie im Alltag darauf, wo Sie diese Tipps anwenden können. Sie werden immer mehr Einsatzmöglichkeiten entdecken.

Service: Unter www.buero-kaizen.de/buch finden Sie gratis eine umfassendere Übersicht von Tastaturkürzeln für Windows und Mac. Außerdem finden Sie dort weitere Beispiele für Quicksteps sowie Hinweise zu Autotext-Programmen einschließlich eines Beispielvideos.

1.8 Zusatztipps für den effizienten Umgang mit E-Mails

Im Folgenden finden Sie weitere Tipps, die sich beim Verfassen und Verarbeiten von E-Mails als nützlich erwiesen haben:

- Stellen Sie sich bei jeder E-Mail die Frage, ob Sie wirklich antworten müssen. Wenn nicht, löschen oder archivieren Sie die E-Mail sofort.

Tempo

- Sie können das E-Mail-Tempo wesentlich selbst bestimmen. Wenn Sie stets sofort auf E-Mails antworten, bekommen Sie oft noch am gleichen Tag eine Antwort. Das kann sinnvoll sein. Oft reicht es aber, abends oder am nächsten Tag morgens zu antworten. Dadurch reduzieren Sie das Tempo beim „E-Mail-Pingpong".

Betreffzeile

- Verwenden Sie eine Betreffzeile, die einen klaren Hinweis auf den Inhalt gibt (zum Beispiel „Erbitte Terminverschiebung für Treffen am 21.06.", „Kann ich Beamer am 23.05. ausleihen?" etc.). Oft ist Ihr Lohn dafür, dass Sie deutlich schneller eine Antwort erhalten.

- Verschicken Sie Antworten auf E-Mails nur an Personen, die die Antwort benötigen. Lassen Sie, wenn möglich, die Finger vom Befehl „Antwort an alle".
- Wenn Sie regelmäßig E-Mails an die gleichen Adressen versenden, dann erstellen Sie sich Verteilerlisten. Dadurch wird das Versenden erleichtert.

Ein Thema pro Mail

- Schreiben Sie, wenn möglich, kurze E-Mails mit nur einem Thema pro E-Mail. Also lieber fünf kurze E-Mails, als eine lange E-Mail mit gänzlich unterschiedlichen Aufgaben oder Informationen zu unterschiedlichen Projekten. Sie bekommen in der Regel früher Ihre Antwort.

Nutzloses Zeug

- Über E-Mails bekommen wir oft Post mit zweifelhaftem Inhalt, Witzen und sonstigem nutzlosen Zeug. Legen Sie sich eine Art Verhaltenskodex auf, solche Nachrichten nicht weiterzuleiten – schon gar nicht an Ihre 100 besten Freunde.

Lesbarkeit erleichtern

- Schreiben Sie mit Absätzen und Zwischenüberschriften – das erleichtert die Lesbarkeit für Ihren Partner. Aufzählungen sind zudem leichter zu erfassen, wenn Sie mit Spiegelstrichen oder Nummerierungen arbeiten.

- **Wertschätzend schreiben** Bei E-Mails ist die Abkürzung der normalen Grußformeln auf Kürzel wie „MfG“ inzwischen bei vielen üblich. Verwenden Sie eine ordentliche Anrede und Schlussformeln wie „Mit besten Grüßen“ in der ausgeschriebenen Variante. Das ist vielleicht etwas altmodisch, aber höflich. Ihr Partner wird diese Wertschätzung zu würdigen wissen.
- **Grammatik und Rechtschreibung** Beachten Sie auch bei E-Mails die Grammatik- und Rechtschreibregeln (inkl. Groß- und Kleinschreibung). Es ist ein Zeichen der Wertschätzung des Empfängers der E-Mail, denn der kann korrekt geschriebene Texte schneller lesen.
- **Ominöse Absender** Um das Risiko der Verseuchung des Computers mit Viren zu reduzieren, sollten Sie Nachrichten von unbekannten ominösen Absendern löschen und die mitgeschickten Anlagen auf keinen Fall öffnen.
- **Zweite Mailadresse** Sofern Sie sich zahlreiche Newsletter schicken lassen oder an Diskussionsforen teilnehmen, legen Sie sich eine zweite E-Mail-Adresse zu. Unter gmx.de oder web.de können Sie dies kostenlos tun. Ihre Hauptadresse bleibt dann von den sich daraus oft ergebenden Werbemails verschont.
- **Vertretung klären** Gehen Sie auf Dienstreise oder in den Urlaub, delegieren Sie die Verantwortung zumindest in Teilen. Stellen Sie sicher, dass Ihre Vertretung Ihr E-Mail-Postfach sichtet, für Sie vorsortiert und dringende Dinge gleich erledigt. Wo dies nicht möglich ist, sollte Ihr Vertreter sich mit dem Absender in Verbindung setzen, um das weitere Vorgehen zu besprechen. Für die Zeit des Urlaubs kann ein temporäres Unterverzeichnis „Schon erledigt“ bzw. „Keine To-do-Punkte“ angelegt werden, um mehr Übersicht zu schaffen.
- **Autosignatur nutzen** Nutzen Sie die Funktion der Autosignatur nicht nur für Ihre kompletten Kontaktdaten wie Name, Abteilung, Adresse, Telefonnummern, sondern nutzen Sie diese Funktion auch, um kurze und dezente Hinweise auf neue Produkte etc. mit zu versenden.

Service: Wie Sie die Autosignatur nutzen, um dezente Werbebotschaften zu verbreiten, sehen Sie am Beispiel tempus gratis unter www.buero-kaizen.de/buch – hier finden Sie außerdem Tipps, wie man Verteilerlisten erstellt.

1.9 Erleichtern Sie sich gegenseitig die Arbeit mit E-Mails durch Spielregeln

Ärger und Stress

In vielen Unternehmen besteht kein einheitliches Verständnis davon, wie mit E-Mails umgegangen werden soll. Das führt häufig zu Ärger und Stress – etwa weil erwartete Antworten ausbleiben.

So gehen Sie vor

Erarbeiten Sie Spielregeln, die den Umgang mit E-Mails vereinfachen:

Unklarheiten lösen

- Setzen Sie dort an, wo Sie Handlungsbedarf sehen oder wo immer wieder *Unklarheiten* auftreten.

Reaktionszeit klären

- Klären Sie die *Reaktionszeit* für relevante E-Mails: Wann kann mit einer Antwort gerechnet werden?

Passende Punkte übernehmen

- Suchen Sie aus den Tipps der vorherigen Seiten sowie dem Beispiel auf der rechten Seite für Sie *passende Punkte* heraus.

Ergebnis festhalten

- Halten Sie das Ergebnis *schriftlich* fest.

Darauf kommt es an

Als erfolgskritisch haben sich in unseren Umsetzungsberatungen folgende Punkte erwiesen:

Gemeinsam vereinbaren

- Geben Sie die Spielregeln nicht einfach vor, sondern vereinbaren Sie sie *gemeinsam*. Jeder Mitarbeiter hat dabei ein uneingeschränktes Vetorecht. So bekommen Sie eine Basis, auf die Sie sich verlassen können und deren Einhaltung auch gegenseitig eingefordert werden darf.

Eine Seite reicht

- Machen Sie es nicht zu kompliziert – *eine Seite* reicht aus.
- Legen Sie die Latte lieber etwas niedriger und halten Sie die Vereinbarungen dann auch wirklich ein. *Nachjustieren* können Sie später noch immer.

Ergebnis kommunizieren

- *Kommunizieren* Sie die Spielregeln auch an alle neuen Mitarbeiter und Auszubildenden.

Service: Wie die Spielregeln aussehen können, sehen Sie auf der rechten Seite. Ein weiteres Beispiel – in einem Beratungsauftrag von uns gemeinsam mit den Mitarbeitern des Unternehmens entwickelt – finden Sie kostenlos unter www.buero-kaizen.de/buch.

tempus.® Akademie & Consulting

FÜR IMMER AUFGERÄUMT
20 Prozent mehr Effizienz mit Büro-Kaizen®

E-Mail-Spielregeln bei tempus

Das Medium E-Mail spielt in unserem Arbeitsalltag eine immer wichtigere Rolle. Um möglichst effizient mit dem Thema umzugehen, haben wir uns auf folgende Spielregeln geeinigt:

- **E-Mails, die To-Do-Punkte oder Termine enthalten, werden direkt an den Empfänger adressiert.** Eine Nachricht, die CC oder BCC verschickt wird, ist nur zur Information.
- **Wichtig ist eine klare Betreffzeile**
  Um was geht es? Welches Projekt betrifft es? Dies hilft kurzfristig beim Abrufen und langfristig beim Wiederfinden:
  z.B. Kann ich Beamer am Freitag von 8:00 Uhr - 16:00 Uhr ausleihen?
  z.B. Kundenanfrage XY AG – 3-tägiges Inhouse-Seminar EAT April 2014
- Handelt es sich um eine kurze E-Mail, kann diese **nur in der Betreffzeile** geschrieben werden. Zur deutlichen Kommunikation wird diese mit EOM (End of Message) abgeschlossen oder mit ///.
  z.B. Termin am Freitag, 16.9.2014, 10:00 Uhr – 12:00 Uhr geht klar. Gruß M. Alber EOM
- **Anfragen von Kunden und Kollegen** per E-Mail werden innerhalb max. 2 Arbeitstagen bearbeitet. Wenn das nicht möglich ist erfolgt eine Zwischeninfo.
- Wir verzichten auf optische und akustische **E-Mail-Signale**, um eine ständige Ablenkung zu minimieren.
- Wir rufen, wenn möglich, **E-Mails nicht dauernd ab**, sondern blockweise. Dies ermöglicht es uns, konzentriert an den wichtigen Aufgaben zu arbeiten
- Ist E-Mail das **richtige Medium**? Z.B. Konflikte, Kritik usw. sollten nicht per E-Mail geklärt werden.
- Haben wir den **richtigen Verteiler** gewählt? Sind diese Informationen für alle wichtig? Bitte bedenken Sie die Kosten, wenn jemand eine E-Mail liest.
- Wie groß sind Ihre Dateianhänge? Prüfen Sie ob Alternativen möglich sind:
  - Umfragen: Effiziente Möglichkeit, Datei zentral ablegen und Hyperlink verschicken z.B. Anmeldung zum Mitarbeiterabend
  - Intern: Hyperlink auf zentral abgespeicherte Datei
  - Dateien komprimieren/verkleinern
- **Im Abwesenheitsfall gibt es 3 Varianten:**
  - E-Mail-Weiterleitung an den Vertreter
  - E-Mail-Zugriff für den Vertreter
  - E-Mails werden von extern abgerufen und bearbeitet

  Nicht erlaubt ist die Abwesenheitsmeldung, da wir es nicht dem Kunden überlassen wollen, ob er sich wieder meldet.
- **Kundenbezogene E-Mails** werden im Akademie- und Consultingbereich **in ACT abgelegt.** Projektbezogene E-Mails werden in Papier, im Dateisystem oder in Habel (Rechnungen) abgelegt.
- **Schund-E-Mails** mit sexistischem oder sonstigem niveaulosem Inhalt werden gelöscht und nicht weitergeleitet.
- Tipps zum Bearbeiten von E-Mails:
  Grundsatz: **Verarbeiten anstatt sichten!**
  Überlegen Sie, was ist der nächste Schritt:
  - Löschen?
  - Bearbeiten? (Wenn Bearbeitungszeit unter 5 Minuten, dann sofort tun!)
  - Terminieren
  - Weiterleiten/delegieren?
  - Archivieren

  Wichtig: E-Mails nicht unverarbeitet stehen lassen, weil man sonst den Überblick verliert.

Für Rückfragen kontaktieren Sie bitte: Jürgen Kurz (07322/950-122) oder Marcel Miller (07322/950-384)

www.für-immer-aufgeräumt.de

1.10 Nutzen Sie eine Posteingangsschale

Chaosgefahr bei Papieren

Viele bekommen täglich nicht nur viele E-Mails, sondern zudem Unterlagen in Papierform. Auch hier besteht Chaosgefahr.

So gehen Sie vor

Nutzen Sie auch hier einen Posteingang – in Gestalt einer (!) Posteingangsschale. Beschriften Sie die Schale mit Ihrem Namen und ggf. Ihrer Funktion oder Abteilung. Das erleichtert neuen Mitarbeitern, Aushilfen und Praktikanten die Orientierung. Die Rückseite des Schildes kann eine andere Farbe haben und eingesetzt werden, wenn Sie mal außer Haus sind.

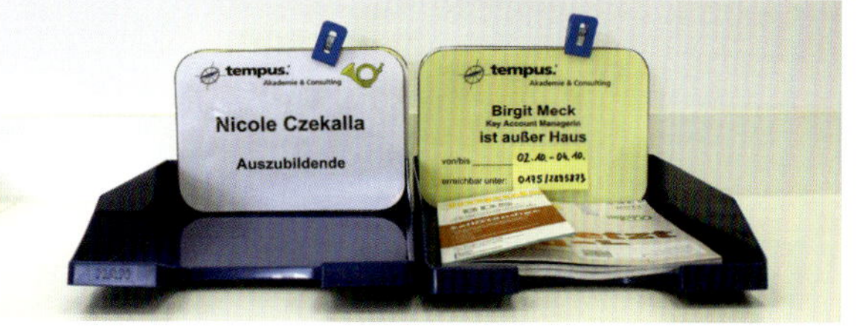

Darauf kommt es an

Verarbeiten wie E-Mails

Verarbeiten Sie den Inhalt der Schale, wie Sie auch Ihre E-Mails verarbeiten, nämlich in Blöcken. Nehmen Sie ein Papier heraus und entscheiden Sie: Wegwerfen, Weitergeben (Delegieren), Archivieren, Bearbeiten oder Terminieren (siehe S. 24ff.).

Was der Tipp bewirkt

Schreibtisch bleibt frei

- Die Schale fungiert als *Schnittstelle* zu Ihrem Arbeitsplatz.
- Ihr Schreibtisch bleibt auch bei neu eintreffenden Unterlagen *frei* für die Aufgabe, an der Sie gerade arbeiten.
- Die Inhalte visualisieren die zu bewältigende *Arbeitslast.*
- Die Posteingangsschale kann als Instrument zur *Steuerung der Durchlaufzeit* dienen, wenn Sie mit Ihren Kollegen Antwortzeiten definiert haben.

Service: Die Vorlage für ein Posteingangsschild sowie weitere Anregungen zum Umgang mit der Posteingangsschale bekommen Sie gratis unter www.buero-kaizen.de/buch.

1.11 So gelingt die Umsetzung

Umgang mit E-Mails gemeinsam optimieren

Die Ideen können Sie für sich alleine umsetzen. Noch mehr Kraft entfalten die Ideen, wenn Sie auch Ihre Kolleginnen und Kollegen mit ins Boot nehmen und Ihren Umgang mit E-Mails gemeinsam optimieren.

80-Prozent-Lösung reicht aus

In beiden Fällen gilt: Nehmen Sie sich nicht zu viel vor. Eine 80-Prozent-Lösung, die Sie ab sofort umsetzen, ist besser als eine 100-Prozent-Lösung, die Sie zwar mit aufrichtigem Herzen anstreben, aber aus einem zu großen Perfektionismus heraus nie wirklich angehen.

Überprüfen Sie sich selbst

Haben Sie …

… die digitale Kommunikation möglichst auf einen Kanal gebündelt?	□ Ja	□ Nein
… akustische und optische Signale, die Ihnen den Eingang einer neuen E-Mail anzeigen, deaktiviert?	□ Ja	□ Nein
… Informationen ausgeblendet, die für Sie unwichtig sind, zum Beispiel Header-Details, E-Mail-Größe oder Prioritäten/Etiketten?	□ Ja	□ Nein
… das E-Mail-Programm so eingestellt, dass neue E-Mails nur dann abgeholt werden, wenn Sie dies auch tatsächlich wollen?	□ Ja	□ Nein
… eine separate To-do-Liste, um den Missbrauch des Posteingangs als To-do-Liste zu vermeiden?	□ Ja	□ Nein
… eine Struktur mit einigen wenigen Ordnern, die zu Ihrer Arbeit passen?	□ Ja	□ Nein
… sich daran gewöhnt, Ihre E-Mails mit den fünf Schritten – Löschen, Weiterleiten (Delegieren), Archivieren, Bearbeiten, Terminieren – mindestens einmal pro Werktag zu verarbeiten, statt sie nur zu sichten?	□ Ja	□ Nein
… sich daran gewöhnt, eine E-Mail nicht einfach zu überfliegen und sie anschließend im Posteingang zurückzulassen, um sich die nächste E-Mail anzuschauen?	□ Ja	□ Nein
… Blöcke, in denen Sie das Verarbeiten der E-Mails erledigen?	□ Ja	□ Nein
… Wege eingeübt, mit denen Sie die E-Mail-Verarbeitungszeit beim Antworten verkürzen (zum Beispiel Tastaturkürzel)?	□ Ja	□ Nein
… gemeinsame Spielregeln, die den Umgang mit E-Mails vereinfachen?	□ Ja	□ Nein
… eine Posteingangsschale für den Umgang mit Unterlagen in Papierform?	□ Ja	□ Nein

„Alles, was man
vergessen hat,
schreit im Traum
um Hilfe."

Elias Canetti

2 Meistern Sie die Zettelwirtschaft souverän

Alltägliche Herausforderungen

Im Alltag sind wir immer wieder herausgefordert, wichtige Informationen schnell zur Hand bzw. im Kopf zu haben:

- In welchem Ordner ist die *Datei* zu diesem Konzeptpapier gespeichert?
- Wann ist Kunde X am besten zu erreichen? Er hatte mir diese *Information* doch gerade letztens erst gegeben.
- Wie lautete das *Passwort,* mit dem ich mich auf dieser Website anmelden kann?
- Wo kann ich bloß die aktuelle Übersicht über die *Zuständigkeiten* in unserem Unternehmen finden?

Die richtige Information zur rechten Zeit

Zwar können heute Computer, Tablets und Smartphones unglaublich viele Daten und Informationen zugänglich machen. Entscheidend ist aber, an die *richtige* und *aktuelle* Information heranzukommen – und zwar immer genau dann, wenn Sie sie brauchen. Das ist keine Frage der Technik, sondern des sinnvollen und strukturierten Umgangs mit den digitalen Hilfsmitteln.

Kaizen-Prinzip

Hier hilft das Kaizen-Prinzip:

> **Alles hat einen Platz, alles hat seinen Platz.**

Verschwendung durch Suchzeiten

Viele unterschätzen das enorme Potenzial, das eine gute Ordnung bietet. Die große Arbeitseffizienz-Studie, die ich gemeinsam mit der AKAD Hochschule Leipzig durchgeführt habe, hat ergeben, dass 13 Prozent der Arbeitszeit für Suchzeiten verschwendet werden. Diese Verschwendung muss nicht sein. In diesem Kapitel sehen Sie, wie sich das Kaizen-Prinzip umsetzen lässt und was sich in unseren Beratungsprojekten bewährt hat.

Service: Die Ergebnisse der Arbeitseffizienz-Studie finden Sie gratis unter www.buero-kaizen.de/buch.

2.1 Geben Sie auf Dokumenten den Speicherpfad an

Unklarer Speicherort

Wenn Sie nicht wissen, wo und unter welchem Namen ein Fax, ein Brief oder ein sonstiges Dokument im Computer gespeichert ist, dann ist es schwer, es bei Bedarf schnell wieder auf den Bildschirm zu holen.

So gehen Sie vor

Vermerken Sie auf allen Dokumenten am Seitenfuß kleingedruckt den Speicherpfad sowie den Dateinamen.

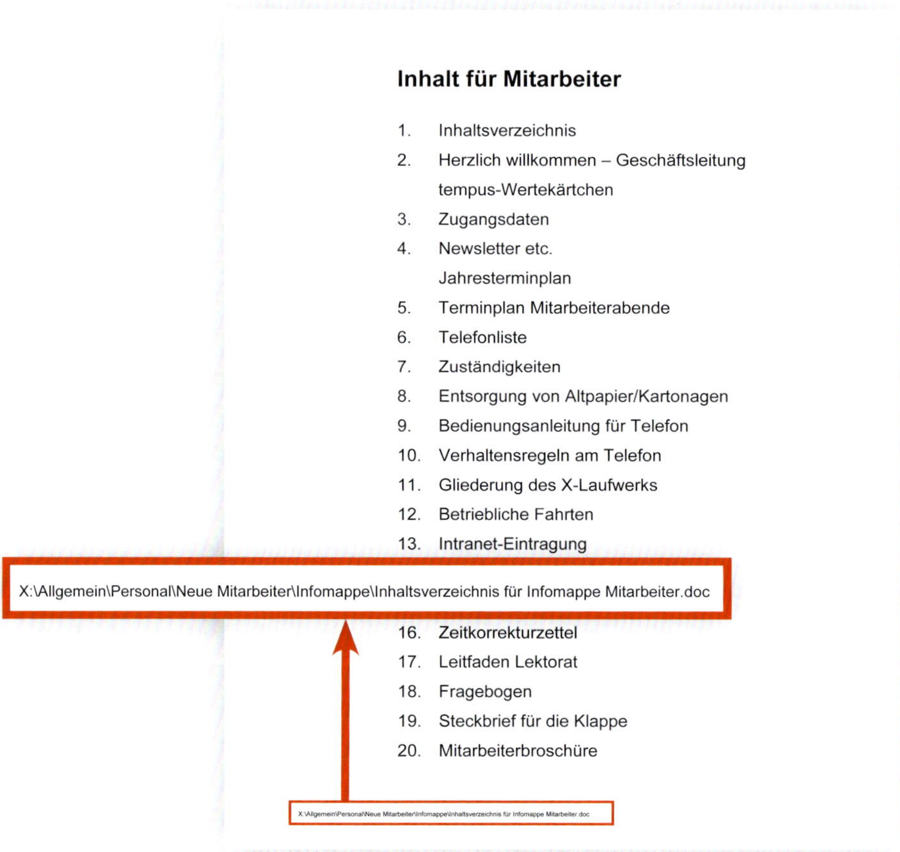

Inhalt für Mitarbeiter

1. Inhaltsverzeichnis
2. Herzlich willkommen – Geschäftsleitung
   tempus-Wertekärtchen
3. Zugangsdaten
4. Newsletter etc.
   Jahresterminplan
5. Terminplan Mitarbeiterabende
6. Telefonliste
7. Zuständigkeiten
8. Entsorgung von Altpapier/Kartonagen
9. Bedienungsanleitung für Telefon
10. Verhaltensregeln am Telefon
11. Gliederung des X-Laufwerks
12. Betriebliche Fahrten
13. Intranet-Eintragung

X:\Allgemein\Personal\Neue Mitarbeiter\Infomappe\Inhaltsverzeichnis für Infomappe Mitarbeiter.doc

16. Zeitkorrekturzettel
17. Leitfaden Lektorat
18. Fragebogen
19. Steckbrief für die Klappe
20. Mitarbeiterbroschüre

X:\Allgemein\Personal\Neue Mitarbeiter\Infomappe\Inhaltsverzeichnis für Infomappe Mitarbeiter.doc

Beispiel: Sekretärin findet Dokument, das sie gar nicht kennt

Zum Beispiel lassen wir bei unseren „Für immer aufgeräumt“-Tagesseminaren als Organisationsbeispiel ein Foliensichtbuch herumgehen, das bestimmte Informationen enthält, die schnell zur Hand sein müssen. Immer wieder kommt es vor, dass Teilnehmer nach dem Seminar (mit meinem Einverständnis) bei uns anrufen und unserer Sekretärin den Pfad durchgeben, den sie sich notiert haben. Beide kennen sich nicht und wissen nicht, um was es genau geht und können trotzdem einfach die Zusendung der Dateien in die Wege leiten.

Alternativ-Idee

Nur bei internen Dokumenten

In manchen Situationen ist diese Idee nicht geeignet, etwa beim Schriftverkehr mit Kunden. Ist es Ihnen zu riskant, bei externen Dokumenten den Pfad anzugeben, dann wenden Sie diesen Tipp nur bei internen Dokumenten an.

Was der Tipp bewirkt

Suchzeiten vermeiden

Sie vermeiden Suchzeiten: Wenn Sie auf dem Dokument den Pfad angeben, finden Sie die Originaldatei jederzeit auf der Festplatte wieder. Auch Ihre Vertretung kann wichtige Dokumente auf diese Weise schnell finden.

Darauf kommt es an

Mit Musterdokument arbeiten

Arbeiten Sie mit Musterdokumenten und richten Sie diese so ein, dass der Pfad automatisch auf jedem Dokument eingefügt wird. Dann haben Sie beim Erstellen eines neuen Dokumentes keinerlei zusätzlichen Aufwand und stellen zugleich sicher, dass der Speicherort jederzeit rekonstruiert werden kann.

Service: Eine Anleitung zum Einrichten eines Dateipfades finden Sie gratis unter www.buero-kaizen.de/buch.

2.2 Verwenden Sie das digitale Adressbuch auch für sonstige Informationen

Notizzettel, wohin man sieht

Wichtige Kurzinformationen werden oft unsystematisch und in Papierform aufbewahrt – etwa als Klebezettel am Rand des Monitors oder als Notiz unter der Schreibunterlage. Meist ist dies unübersichtlich und die Info ist im entscheidenden Moment nicht zur Hand. Zudem häufen sich die Zettel, weil nicht klar ist, wie die Informationen besser organisiert werden können.

So gehen Sie vor

Speichern Sie diese Informationen in Ihrem digitalen Adressbuch. Das heißt: Hier ist neben den üblichen Kontaktdaten von Personen und Organisationen auch Platz für Informationen zur Person („am besten zwischen 8 Uhr und 10 Uhr zu erreichen") oder zum Beispiel speziell vereinbarte Konditionen („lagern ab 2.000 Stück sechs Monate lang kostenlos für uns ein").

Auch andere Informationen hier speichern

Auch Öffnungs- und Sprechzeiten von Kunden, Lieferanten, Steuerberatern, Anwälten und so weiter sind hier gut aufgehoben. Selbst Informationen, die nichts mit Kontakten zu tun haben, können Sie hier speichern, etwa Zugangsdaten zu Websites. Durch die Volltextsuche wird jede gewünschte Information angezeigt.

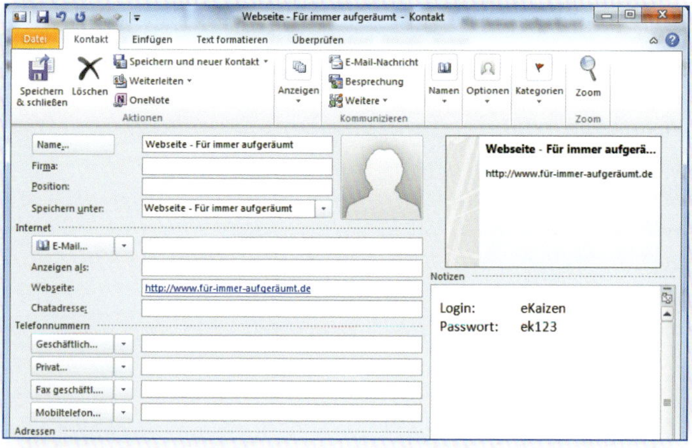

Was der Tipp bewirkt

Mehrere Vorteile

Das Umsetzen dieses Tipps bietet Ihnen eine Reihe von unterschiedlichen Vorteilen:

- Die *Zettelwirtschaft* hat ein Ende.
- Sie *wissen, wo* Sie etwas speichern – und wiederfinden.
- Durch die digitale Suche finden Sie die gewünschte Information *einfach und schnell* wieder.
- Sie erhöhen die *Sicherheit:* Unbefugte, die früher Ihre Zettel einsehen konnten, kommen nun nicht mehr an Ihre Infos (vorausgesetzt, der Zugang zu Ihrem Computer ist mit einem Passwort geschützt).

Extra-Tipp

Mit anderen Geräten automatisch synchronisieren

Nutzen Sie die Möglichkeit, Ihr Adressbuch mit Ihrem Mobiltelefon bzw. weiteren Geräten wie Ihrem Notebook oder Tablet synchronisieren zu lassen; einmal eingerichtet, geht das heute meist sogar automatisch. Ergebnis: Sie haben immer und überall Ihre wichtigsten Infos dabei.

Darauf kommt es an

Immer sofort eintragen

Gewöhnen Sie es sich an, diese Einträge möglichst gleich in dem Moment zu erstellen, in dem Ihnen die Information bekannt wird. Das ist in einer Minute erledigt und der Nutzen ist nachhaltig.

2.3 Nutzen Sie für Passwörter Techniken

Passwörter zu merken, fällt oft schwer

Bei vielen Websites müssen Sie sich mit einem Passwort einloggen. Verwenden Sie immer das gleiche Passwort, ist dies riskant: Wird Ihr Passwort erspäht und ist Ihre E-Mail-Adresse bekannt, können Kriminelle versuchen, sich mit diesen Daten auch bei anderen Websites einzuloggen. Oft klappt das sogar. Daher ist es besser, nie ein Passwort doppelt zu nutzen – zumindest bei sicherheitsrelevanten Zugangsdaten. Andererseits fällt es vielen Menschen schwer, sich unterschiedliche Passwörter zu merken.

So gehen Sie vor

Nutzen Sie ein Grundpasswort mit Buchstaben, Zahlen und Sonderzeichen und passen Sie es jeweils an die Verwendung an. Wenn Sie das Passwort für Internet-Log-ins nehmen, setzen Sie immer die ersten beiden Buchstaben der Adresse (natürlich erst nach dem „www“) ans Ende Ihres Passwortes.

Grundpasswort und individueller Bestandteil

Beispiel: Ihr Grundpasswort ist *MMh2K!*, die Website zum Einloggen www.beispielseite.de. Das Passwort wäre dann *MMh2K!be*.

Was der Tipp bewirkt

Nur noch ein Passwort merken

Sie müssen sich nur noch das Grundpasswort merken. Weil Sie es oft verwenden, werden Sie es nicht vergessen.

Darauf kommt es an

Guten Merksatz finden

- Lernen Sie das Grundpasswort auswendig. Dabei helfen Merksätze wie: „Meine Mutter hat 2 Katzen!“. Dies wäre der Merksatz für *MMh2K!*. Merken Sie sich am besten einen Satz, der mit Ihrem Leben zu tun hat und nehmen die Anfangsbuchstaben, Zahlen und Satzzeichen in Ihr Passwort.

Immer gleich aufbauen

- Wichtig ist zudem, dass Sie den individuellen Bestandteil – in unserem Beispiel das *be* – immer an die gleiche Stelle setzen und nicht mal vorne und mal hinten hin.

Digitales Adressbuch nutzen

- Wenn Sie für einen Log-in nicht Ihre E-Mail-Adresse, sondern einen Benutzernamen brauchen, können Sie diesen im digitalen Adressbuch zusammen mit dem Namen der Website speichern, wie ein Kapitel zuvor auf S. 40f. beschrieben.

Alternativ-Idee

Unterstützung per Software

Inzwischen gibt es eine Reihe von Softwarelösungen, die Ihnen die Passwortverwaltung abnehmen können. Diese Programme generieren starke Passwörter, speichern diese und geben sie bei Bedarf auch automatisch in die Log-in-Felder ein.

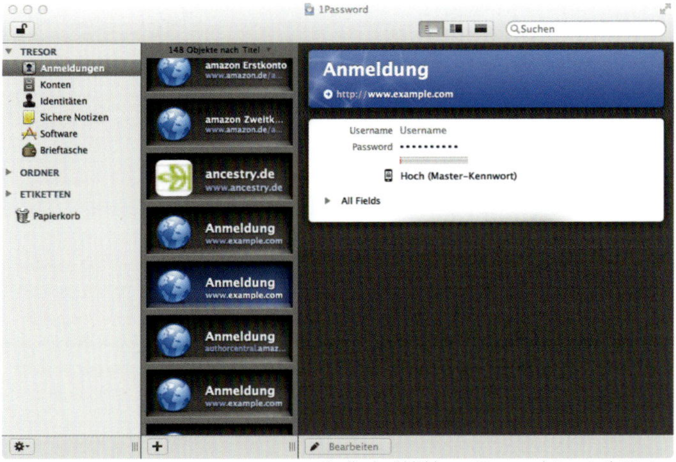

Quelle der Abbildung: 1Password-App, AgileBits Inc.

Viele Vorteile

Im Alltag ist das eine praktische Sache:

- Man muss nichts mehr tippen (das Log-in-Prozedere geht dann entsprechend schneller).
- Das Programm gibt nicht nur das Passwort ein, sondern auch den Benutzernamen.
- Die Daten können mit verschiedenen Geräten synchronisiert werden, sodass man sich zum Beispiel sowohl mit dem Computer als auch mit dem Tablet anmelden kann.

Einige Nachteile

Es gibt aber auch Nachteile:

- Die Programme kosten in der Regel Geld.
- Sie müssen sich noch immer ein Passwort merken – nämlich das Master-Passwort, das abgefragt wird, wenn Sie den Passwortmanager anwenden möchten.

Service: Eine Kurzdarstellung mehrerer Passwort-Manager finden Sie gratis unter www.buero-kaizen.de/buch.

2.4 Organisieren Sie Informationen, die auch für andere wichtig sind

Welche Version ist aktuell?

In Unternehmen gibt es häufig Dateien, die für viele Mitarbeiter wichtig sind, etwa das Telefonverzeichnis, der Kostenstellenplan oder Präsentationen. Oft ist aber unklar, wo die aktuelle Version gespeichert ist. Existieren mehrere Varianten auf unterschiedlichen Computern, entsteht Verwirrung.

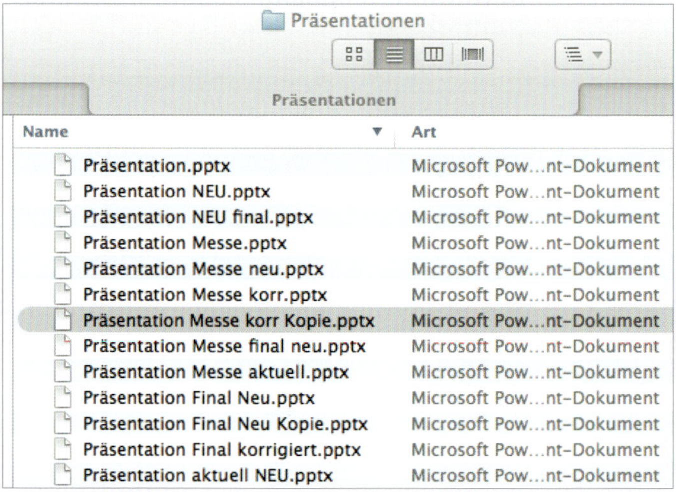

So gehen Sie vor

Einigen Sie sich darauf, dass im Unternehmen *nur mit je einer aktuellen Dateiversion* gearbeitet wird (müssen Sie auch auf ältere Fassungen zurückgreifen, finden Sie auf Seite 62 einen passenden Tipp). Auf diese aktuelle Datei wird dann mit einer Verknüpfung verwiesen (in der Apple-Welt heißen Verknüpfungen „Alias").

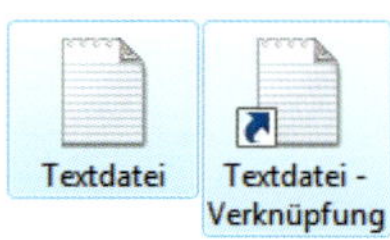

Nur noch die Verknüpfung nutzen

Sie benutzen dann nur noch die Verknüpfung. Wird sie angeklickt, wird die zentral gespeicherte Originaldatei aufgerufen.

Für die Datei können beliebig viele Verknüpfungen angelegt und auf verschiedenen Computern im Netzwerk gespeichert werden.

Verknüpfungen gesammelt ablegen

Verknüpfungen für Dateien, die für Sie persönlich wichtig sind, können Sie in einem Ordner „Wichtige Infos“ ablegen. Um die Verknüpfungen nach Wichtigkeit bzw. Zugriffshäufigkeit zu ordnen, können Sie den Dateinamen Zahlen voranstellen.

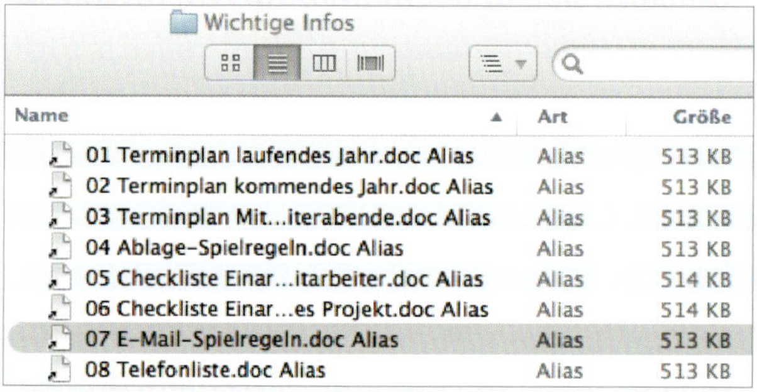
Wichtige Infos

Name	Art	Größe
01 Terminplan laufendes Jahr.doc Alias	Alias	513 KB
02 Terminplan kommendes Jahr.doc Alias	Alias	513 KB
03 Terminplan Mit...iterabende.doc Alias	Alias	513 KB
04 Ablage-Spielregeln.doc Alias	Alias	513 KB
05 Checkliste Einar...itarbeiter.doc Alias	Alias	514 KB
06 Checkliste Einar...es Projekt.doc Alias	Alias	514 KB
07 E-Mail-Spielregeln.doc Alias	Alias	513 KB
08 Telefonliste.doc Alias	Alias	513 KB

Dies wäre dann eine elektronische Fassung des Sichtbuches, das Sie auf Seite 48 sehen.

Was der Tipp bewirkt

Dateien schneller finden

Die Zugriffszeiten sinken spürbar, die Dateien werden schneller gefunden.

Darauf kommt es an

„Dateibesitzer“

- Stellen Sie sicher, dass es möglichst für jede Datei jemanden gibt, der für die Pflege und Aktualisierung verantwortlich ist („Dateibesitzer“).

Nicht zumüllen

- Begrenzen Sie die Verknüpfungen im Unterordner auf Dateien, die wirklich wichtig sind. Sonst besteht die Gefahr, dass der Ordner „zumüllt“ und nicht konsequent genutzt wird.

Unterordner „Archiv“

- Wenn Sie beim Durchsehen des Unterordners auf Verknüpfungen stoßen, die nicht mehr wichtig sind, löschen Sie diese oder legen Sie sie in einem Unterordner „Archiv“ ab. Dann ist sie noch vorhanden, stört aber nicht mehr die Übersicht.

Service: Eine Anleitung zum Einrichten einer Verknüpfung finden Sie gratis unter www.buero-kaizen.de/buch.

Alternativ-Idee

Externer Zugriff auf die Daten

Unsere Beratungspraxis zeigt, dass in manchen Fällen auch ein externer Zugriff auf relevante Daten gewährleistet sein muss – etwa von einem Notebook oder einem Tablet aus. Das kann beispielsweise auf Reisen oder vor Ort beim Kunden oder auch am Heimarbeitsplatz der Fall sein.

Cloudbasierte Lösung nutzen

Nutzen Sie in diesem Fall eine cloudbasierte Lösung. Die Daten werden dann zentral auf Servern des jeweiligen Anbieters gespeichert. Jeder, der zugangsberechtigt ist, kann sie aufrufen. Beispiele sind Microsoft OneDrive, Evernote sowie Dropbox.

Beispiel: Microsoft OneNote

Das folgende Bildschirmfoto zeigt beispielhaft, wie Sie Informationen mit Microsoft OneNote organisieren können. Dabei hat es sich bewährt, zwischen Arbeitsplatz, Abteilung und Gesamtunternehmen zu unterscheiden: arbeitsplatzbezogene sowie abteilungsweite Inhalte werden entsprechend einsortiert. Dies gilt auch für unternehmensweite Themen, auf die beispielsweise von unterschiedlichen Standorten aus zugegriffen werden soll.

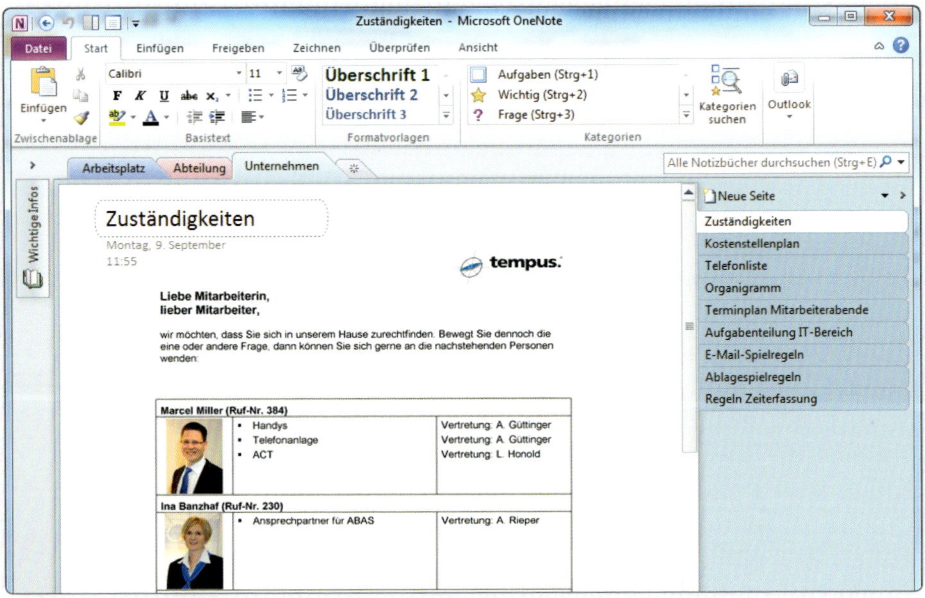

Was der Tipp bewirkt

- Sie sind nicht mehr daran gebunden, bestimmte Dateien von Ihrem Schreibtisch aus aufzurufen.
- Der Zugriff kann über verschiedene Geräte erfolgen. **Verschiedene Geräte**
- Wenn Sie schreibberechtigt sind, können Sie Dateien auch von unterwegs aus aktualisieren sowie neu anlegen.
- Die Dateien werden automatisch synchronisiert. Jeder, der zugreift, ist also auf dem aktuellen Stand. **Automatisch synchronisiert**
- Sie können hier viele Arten von Informationen sammeln: Texte, Bilder, Audioaufnahmen, Videos und anderes mehr.
- Die Informationen können Sie übersichtlich organisieren. **Übersichtlich**

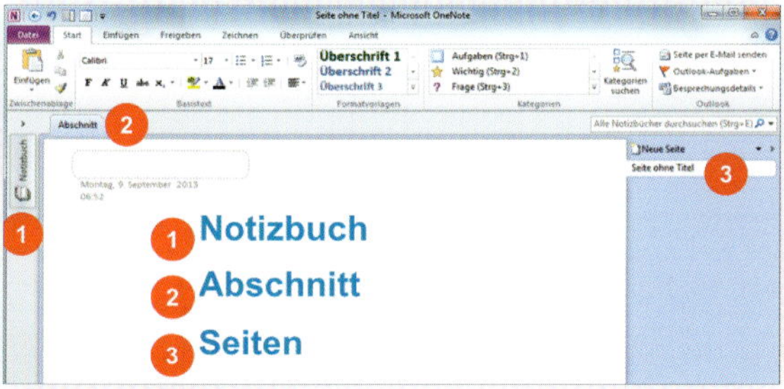

Es gibt aber auch Nachteile:

- Manche Lösungen decken nicht alle benötigten Betriebssysteme ab (schauen Sie also vorher, ob die Nutzung mit den von Ihnen eingesetzten Systemen möglich ist). **Nicht für alle Systeme**
- Einige Programme bzw. Funktionen sind kostenpflichtig.
- Wenn Sie beim Anlegen neuer Dokumente nicht aufpassen, geht die Übersicht schnell verloren. Tipp: Ordnen Sie auch hier mithilfe von Zahlen (siehe S. 45 sowie S. 63). **Übersicht kann verloren gehen**

Darauf kommt es an

Kaizen-Prinzip umsetzen

Ob Sie mit Microsoft OneNote, Evernote, der Dropbox oder einem anderen Hilfsmittel arbeiten, ist nicht entscheidend. Wichtiger ist, dass Sie einen Weg finden, das Kaizen-Prinzip „Alles hat einen Platz, alles hat seinen Platz" so umzusetzen, dass es für Sie und Ihr Unternehmen passt.

Service: Eine ausführlichere Darstellung des Beispiels von S. 46 finden Sie gratis unter www.buero-kaizen.de/buch.

2.5 Nutzen Sie ein Sichtbuch

Informationen in Papierform

Manche Informationen sollen nicht elektronisch gespeichert werden oder liegen nur in Papierform vor.

So gehen Sie vor

Nutzen Sie ein Sichtbuch. Dort können Sie Informationen in Papierform gut geordnet ablegen. Bei Bedarf ist das richtige Blatt mit einem Griff zur Hand.

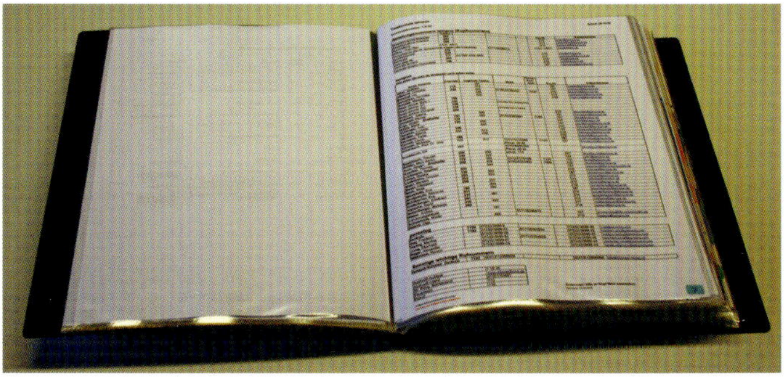

Was der Tipp bewirkt

Schneller Zugriff ohne Computer

Wenn Sie diese Infos oft brauchen, können Sie die Mappe einfach mitnehmen. Der Zugriff auf die Informationen ist möglich, ohne einen laufenden Computer zu benötigen. Zudem vermeiden Sie eine chaotische Zettelwirtschaft, die Sie unnötig ablenkt.

Darauf kommt es an

Folien nummerieren

- Nummerieren Sie die einzelnen Folien rechts unten, indem Sie kleine Aufkleber nutzen.

Inhaltsverzeichnis einfügen

- Fügen Sie vorn ein Inhaltsverzeichnis ein, aus dem hervorgeht, welche Inhalte in welcher Hülle zu finden sind.

2.6 So gelingt die Umsetzung

Immer neue Lösungen

Immer wieder verblüffen uns Softwareentwickler mit neuen Lösungen, die interessante Funktionen mit sich bringen und Hilfestellungen für den Alltag versprechen. Die Versuchung ist groß, immer neue Ideen auszuprobieren. Doch das kostet Zeit, und in vielen Fällen helfen bereits einfache Ideen weiter.

Oft sinnvoller: einfache Ideen umsetzen

Solche Ideen haben Sie in diesem Kapitel kennengelernt. Ich lade Sie dazu ein, sie auszuprobieren. Was passt, benutzen Sie weiter. Wenn Sie einen Weg gefunden haben, mit dem Sie entspannter und meist zugleich auch schneller arbeiten können, genießen Sie das bitte! Statt immer wieder neue Programme zu testen, die in irgend einem Detail besser sind als das, welches Sie aktuell nutzen, kümmern Sie sich lieber um Bereiche, bei denen der Schuh wirklich drückt. Das spart Zeit, Geld und Nerven …

Überprüfen Sie sich selbst

Haben Sie …

… in Musterdokumenten am Seitenfuß kleingedruckt den Speicherpfad sowie den Dateinamen vermerkt? □ Ja □ Nein

… Ihren Arbeitsplatz von Klebezetteln und sonstigen Notizen befreit und die Informationen dieser Papiere in Ihrem digitalen Adressbuch gespeichert? □ Ja □ Nein

… die Möglichkeit genutzt, die Informationen Ihres digitalen Adressbuches mit dem Mobiltelefon bzw. weiteren Geräten wie Ihrem Notebook oder Tablet synchronisieren zu lassen? □ Ja □ Nein

… einen Satz formuliert, der idealerweise mit Ihrem Leben zu tun hat, und aus den Anfangsbuchstaben und Ziffern ein Grundpasswort zusammengesetzt? □ Ja □ Nein

… einen Passwortmanager eingerichtet (inkl. der Plugins für die von Ihnen genutzten Webbrowser)? □ Ja □ Nein

… Informationen, die auch für andere wichtig sind, mit Verknüpfungen in einem Unterordner organisiert? □ Ja □ Nein

… Informationen, auf die auch von unterwegs zugegriffen werden muss, über eine cloudbasierte Lösung organisiert? □ Ja □ Nein

… ein Sichtbuch angelegt (inkl. Seitenzahlen und Inhaltsverzeichnis), in dem Sie wichtige Informationen in Papierform aufbewahren? □ Ja □ Nein

„Alles sollte
so einfach
wie möglich
gemacht werden,
aber nicht
einfacher."

Albert Einstein

3 Meistern Sie das Datenchaos gekonnt

Häufig ohne Struktur

Computer können heutzutage sehr viele Dateien speichern, ohne dass dies noch bedeutende Kosten verursachen würde. Häufig wird daher drauflos gespeichert, oft ohne Struktur.

Schwierigkeiten im Alltag

Das kann im Alltag zu Schwierigkeiten führen:

- Wo soll ich die *Datei ablegen,* die mir meine Kollegin zu unserem aktuellen Projekt per E-Mail geschickt hat?
- Zu einem Thema gibt es Informationen *sowohl in Papierform als auch digital.* Nicht immer ist klar, welche aktueller sind. Und würden die digitalen Daten nicht häufig bereits reichen?
- Manchmal ist es sinnvoll, *Vorversionen bestimmter Dateien aufzubewahren.* Wie geht das, ohne dass Dateichaos entsteht?

Übersicht über die eigenen Daten

In meinen Umsetzungsberatungen treffe ich immer wieder auf Mitarbeiter, die sagen, dass sie sich an ihrem Rechner gut zurechtfinden. Manche bieten mir an, ich solle sie auf die Probe stellen. Sie zeigen mir dann, dass sie die eine bestimmte Datei schnell finden. Sie berufen sich auf die Aussage von Albert Einstein „Das Genie beherrscht das Chaos".

Probleme bei Abwesenheit

Damit haben sie ja recht. Allerdings: Wir sind nicht allein. Ein Unternehmen verbindet Menschen, die gemeinsam Ziele erreichen wollen. Die Konsequenz von „Geniearbeitsplätzen" ist, dass Such- und Wartezeiten sowie verpasste Chancen entstehen – besonders im Vertretungsfall. Vermutlich hat es jeder schon erlebt, dass ein Kollege nicht da war und man nicht weiter wusste.

Alles Wichtige innerhalb einer Minute finden

Jeder Mitarbeiter kennt alle Dokumente, Vorlagen, Dateien etc., die er zur Erledigung seiner Aufgaben benötigt, und findet sie innerhalb einer Minute. Das ist unser Ziel beim Speichern von Dateien. In diesem Kapitel finden Sie praxiserprobte Anregungen, mit denen auch Sie und Ihre Kollegen dieses Ziel erreichen.

3.1 Erarbeiten Sie eine sinnvolle EDV-Ablagestruktur

Im Laufe der Zeit gewachsen

Die EDV-Ablagestrukturen sind in vielen Unternehmen mit der Zeit entstanden und immer weiter gewachsen. Jeder speicherte die Dokumente nach bestem Wissen und Gewissen, wo dies am logischsten schien. Doch was der eine Mitarbeiter für logisch hält, muss der nächste noch lange nicht verstehen oder sinnvoll finden.

Beispiel: Protokoll speichern

Stellen Sie sich vor, eine Sekretärin möchte das von ihr erstellte Protokoll so speichern, dass es von allen wiedergefunden wird. Es handelt sich um das Protokoll einer Besprechung mit Herrn Müller und Frau Lehmann. Thema des gemeinsamen Projektes ist die Neuanschaffung eines Druckers. Schauen Sie sich dazu folgende Ablagestruktur bitte einmal genauer an.

Beispiel für eine ungünstige Ablagestruktur

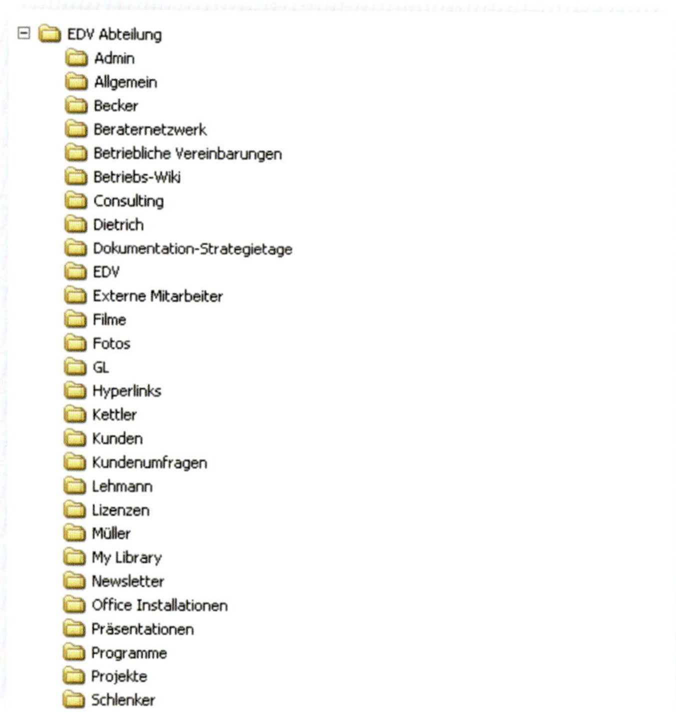

Vier Möglichkeiten

Für das Speichern des Protokolls gibt es mindestens vier mögliche Orte, an denen es abgelegt werden könnte:

- Die ersten beiden Möglichkeiten wären im Ordner der Beteiligten: *Müller* oder *Lehmann*.
- Man könnte aber auch im Ordner „*Projekte*" einen neuen Unterordner „Neuanschaffung Drucker" einrichten.
- Die vierte Möglichkeit wäre ein Speichern im Ordner „*EDV*". Dort könnte dann ein Unterordner „Drucker" oder noch allgemeiner „Hardware" oder „Computerzubehör" angelegt werden, falls dieser noch nicht besteht.

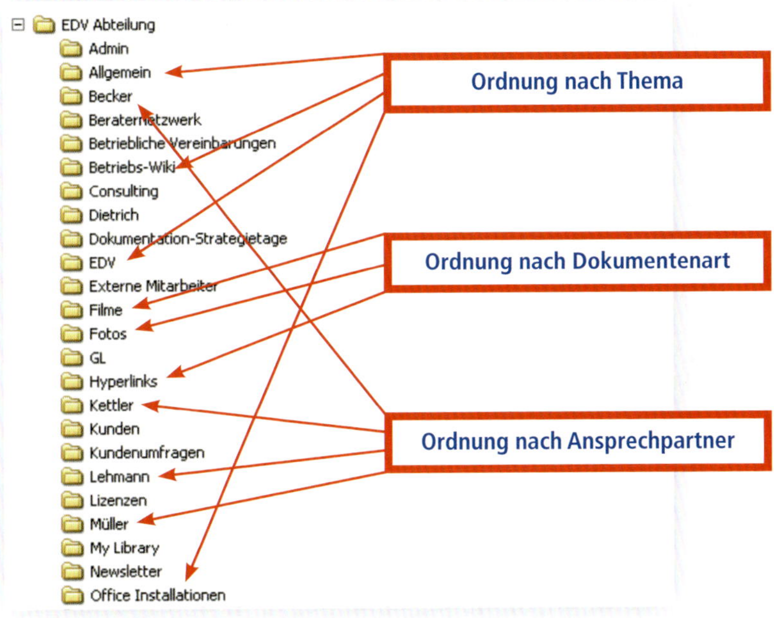

Die Qual der Wahl

Sie sehen: Schon derjenige, der speichern möchte, hat die Qual der Wahl. Noch viel schwieriger wird aber das Wiederfinden! Wenn die Unterlagen etwa bei einem der beiden Beteiligten abgespeichert wurden und ein neuer Mitarbeiter die Unterlagen zur Druckerrecherche heraussuchen möchte, weiß er vermutlich nicht, wer mit der Aufgabe betraut war. Er wäre nicht in der Lage, die Unterlagen schnell und ohne Hilfe zu finden.

So gehen Sie vor

Gehen Sie das Erarbeiten der Ablagestruktur möglichst grundsätzlich an. Nehmen Sie dazu die unternehmensinternen Prozesse in den Blick. Das Ablagesystem ergibt sich dann daraus oft als logische Konsequenz ganz von allein.

Um einen ersten Überblick über die mögliche Struktur zu bekommen, hat sich in unseren Umsetzungsberatungen die Mind-Map-Technik als hilfreich erwiesen. Mind-Maps können Sie per Stift und Zettel erstellen. Meine Erfahrung: Was man auf Papier nicht hinbekommt, kann man auch mit der EDV nicht lösen.

Hauptpunkte sammeln

Sie können es so machen, dass Sie in einer Mind-Map diejenigen Themen und Bereiche sammeln, zu denen Materialien für die Ablage anfallen. Ein Beispiel kann so aussehen:

- Kunden
- Lieferanten
- Kooperationspartner
- Personal
- Strategie
- Technik
- Vertrieb

Hauptpunkte verfeinern

Verfeinern Sie die Hauptpunkte und sammeln Sie Punkte der nächsten Ebene. Beispielsweise sieht das dann so aus:

- Handelskunden
- Industriekunden

Ein anderes Beispiel:

- Projekte aktuell
- Projekte abgeschlossen

Finden Sie die Struktur, die sich in Ihrem Alltag bewährt.

Erstellen Sie eine Mind-Map

Wenn Sie wissen, welche großen Bereiche für Ihre Ablage zentral sind, zeichnen Sie diese im Zentrum der Mind-Map verteilt ein. Von dort aus fällt es meist viel leichter, eine Feinstruktur zu erstellen.

Die folgende Abbildung soll Ihnen für einzelne Themengebiete und mögliche Unterstrukturen Anregungen geben. Sicher fallen Ihnen nun auch noch weitere Strukturmöglichkeiten ein, die speziell auf Ihre eigene Situation zugeschnitten sind.

Themengebiete und Unterstrukturen

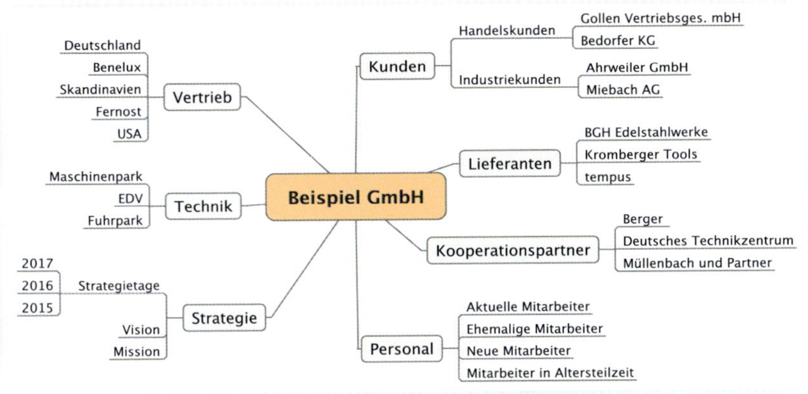

Was der Tipp bewirkt

Ist die Struktur klar, weiß jeder, wo er eine Datei speichern kann. Jemand anderes, der diese Datei benötigt, kann diese dann auch eigenständig finden.

Dateien eigenständig finden

Darauf kommt es an

Machen Sie sich bitte klar, dass es hier kein Richtig oder Falsch gibt. Wichtig ist nur, dass Sie die für Sie passende Struktur definieren und dass diese auch von allen eingehalten wird.

Kein Richtig und Falsch

Extra-Tipp

Die Spielregeln für das Anlegen von Ordnern und für das Speichern von Dateien sollten möglichst klar und für alle nachvollziehbar sein. Idealerweise erstellen Sie Ablage-Spielregeln, in denen Sie die Aspekte schriftlich dokumentieren, die sich als sinnvoll erwiesen haben. Wie die Ablage-Spielregeln in unserem Hause aussehen, zeige ich Ihnen ab Seite 67.

Spielregeln erstellen

Service: Eine Übersicht von Mind-Map-Programmen finden Sie gratis unter www.buero-kaizen.de/buch.

3.2 Führen Sie die neue Struktur ein

Dateiablage aufräumen

Um die neue Ablagestruktur umzusetzen, muss die Dateiablage aufgeräumt werden. Dieses Großprojekt schreckt viele ab.

So gehen Sie vor

Gehen Sie in kleinen, überschaubaren Schritten vor.

1. Alte Ordnerstruktur sichten

Alte Strukturen durchschauen

Schauen Sie Ihre alten Strukturen (Netzlaufwerke, Ordner) durch und ergänzen Sie bei Bedarf Ihre Mind-Map (S. 54f.). Wichtig ist, dabei alle Mitarbeiter einzubeziehen. Jeder sollte mitgenommen werden und sein innerliches Ja zu der neuen Struktur geben dürfen.

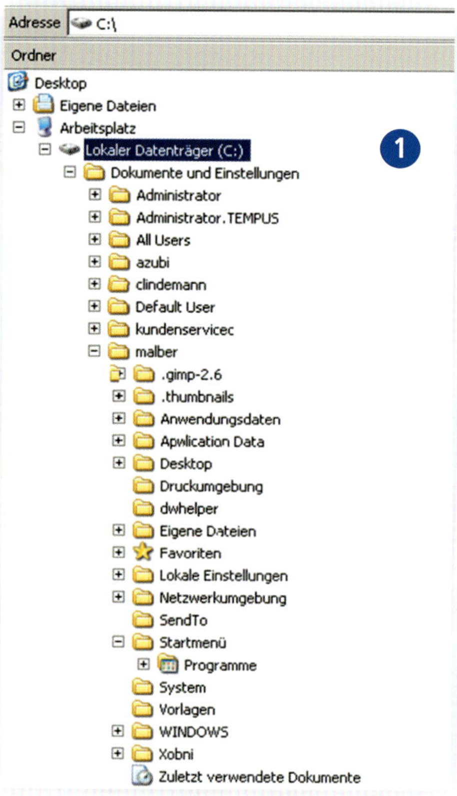

2. Neue Struktur erstellen und dokumentieren

Neue Struktur erstellen

Erstellen Sie jetzt auf Basis der ergänzten Mind-Map die neue Struktur in einem Unterverzeichnis. Benennen Sie dieses Unterverzeichnis so, dass klar wird, dass hier die neue Struktur entsteht.

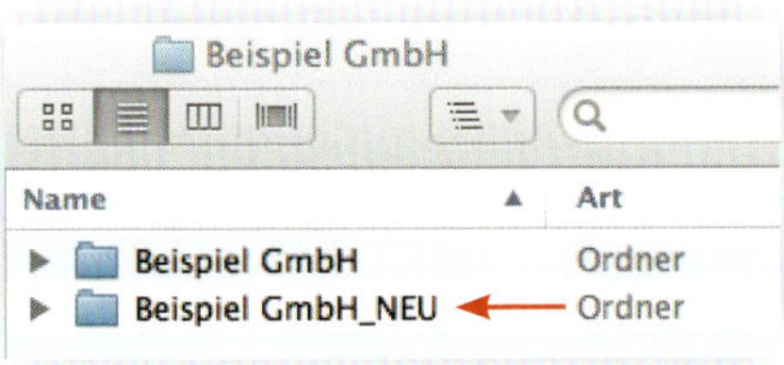

Dateistruktur anlegen

Legen Sie in diesem neuen Unterverzeichnis die Struktur an, und zwar im ersten Schritt komplett losgelöst von der bisherigen Struktur – also ohne Inhalte.

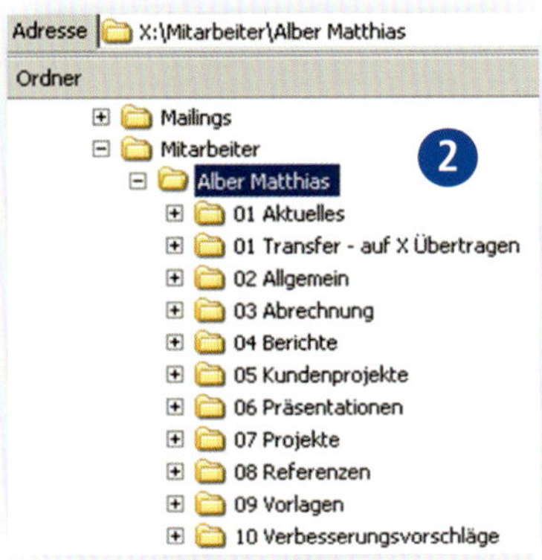

Die getroffenen Regelungen festhalten

Wichtig ist, dass Sie parallel dazu die getroffenen Regelungen festhalten – ein einfaches Word-Dokument, das Ihre Ablage-Spielregeln darstellt, genügt dafür völlig.

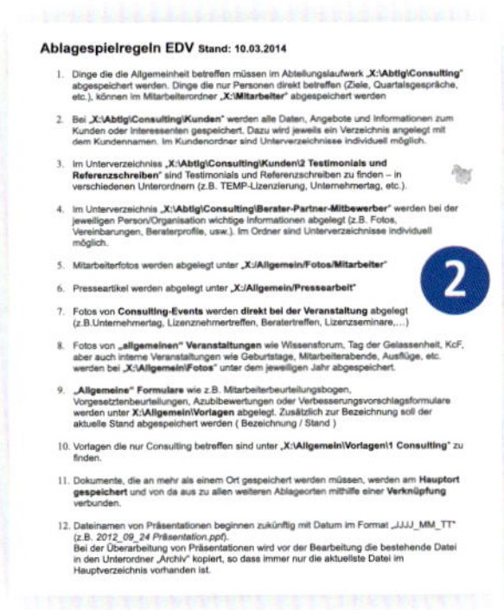

Ablagespielregeln EDV Stand: 10.03.2014

1. Dinge die die Allgemeinheit betreffen müssen im Abteilungslaufwerk **„X:\Abtlg\Consulting"** abgespeichert werden. Dinge die nur Personen direkt betreffen (Ziele, Quartalsgespräche, etc.), können im Mitarbeiterordner **„X:\Mitarbeiter"** abgespeichert werden
2. Bei **„X:\Abtlg\Consulting\Kunden"** werden alle Daten, Angebote und Informationen zum Kunden oder Interessenten gespeichert. Dazu wird jeweils ein Verzeichnis angelegt mit dem Kundennamen. Im Kundenordner sind Unterverzeichnisse individuell möglich.
3. Im Unterverzeichnis **„X:\Abtlg\Consulting\Kunden\2 Testimonials und Referenzschreiben"** sind Testimonials und Referenzschreiben zu finden – in verschiedenen Unterordnern (z.B. TEMP-Lizenzierung, Unternehmertag, etc.).
4. Im Unterverzeichnis **„X:\Abtlg\Consulting\Berater-Partner-Mitbewerber"** werden bei der jeweiligen Person/Organisation wichtige Informationen abgelegt (z.B. Fotos, Vereinbarungen, Beraterprofile, usw.). Im Ordner sind Unterverzeichnisse individuell möglich.
5. Mitarbeiterfotos werden abgelegt unter **„X:/Allgemein/Fotos/Mitarbeiter"**
6. Presseartikel werden abgelegt unter **„X:/Allgemein/Pressearbeit"**
7. Fotos von **Consulting-Events** werden **direkt bei der Veranstaltung** abgelegt (z.B.Unternehmertag, Lizenznehmertreffen, Beratertreffen, Lizenzseminare,…)
8. Fotos von **„allgemeinen" Veranstaltungen** wie Wissensforum, Tag der Gelassenheit, KcF, aber auch interne Veranstaltungen wie Geburtstage, Mitarbeiterabende, Ausflüge, etc. werden bei **„X:\Allgemein\Fotos"** unter dem jeweiligen Jahr abgespeichert.
9. **„Allgemeine" Formulare** wie z.B. Mitarbeiterbeurteilungsbogen, Vorgesetztenbeurteilungen, Azubibewertungen oder Verbesserungsvorschlagsformulare werden unter **X:\Allgemein\Vorlagen** abgelegt. Zusätzlich zur Bezeichnung soll der aktuelle Stand abgespeichert werden (Bezeichnung / Stand)
10. Vorlagen die nur Consulting betreffen sind unter **„X:\Allgemein\Vorlagen\1 Consulting"** zu finden.
11. Dokumente, die an mehr als einem Ort gespeichert werden müssen, werden am **Hauptort gespeichert** und von da aus zu allen weiteren Ablageorten mithilfe einer **Verknüpfung** verbunden.
12. Dateinamen von Präsentationen beginnen zukünftig mit Datum im Format „JJJJ_MM_TT" (z.B. *2012_09_24 Präsentation.ppt*).
Bei der Überarbeitung von Präsentationen wird vor der Bearbeitung die bestehende Datei in den Unterordner „Archiv" kopiert, so dass immer nur die aktuellste Datei im Hauptverzeichnis vorhanden ist.

Service: Ein Praxisbeispiel für Ablage-Spielregeln finden Sie gratis unter www.buero-kaizen.de/buch.

Gemeinsam Lösungen entwickeln

An verschiedenen Stellen werden Sie mit Ihren Kollegen diskutieren und gemeinsam Lösungen entwickeln, wie Sie die Ablage zukünftig organisieren wollen.

Beispiel: Fotos speichern

Beispiel: Bei tempus veranstalten wir jedes Jahr den „Tag der Gelassenheit". Dort entstehen Fotos. Wo aber werden sie gespeichert? Es gibt mindestens zwei Möglichkeiten:

1. Im Ordner „Tag der Gelassenheit" werden die Dateien in einem Unterordner „Fotos" abgelegt.
2. Es gibt einen Ordner „Fotos" mit einem Unterordner „Tag der Gelassenheit". Dorthin kommen die Dateien.

Das Ergebnis dokumentieren

Beides ist möglich und richtig. Wenn Sie keine Absprachen haben, wird ein Teil der Kollegen nach Möglichkeit A ablegen und ein anderer Teil nach Möglichkeit B. Dadurch wird es schwer, sich schnell zurechtzufinden. Wie auch immer Sie sich entscheiden: Dokumentieren Sie das Ergebnis in den Ablage-Spielregeln.

Alternative: Ohne Mind-Map arbeiten

Wenn Sie die neue Struktur erstellen, können Sie auch einfach neue Ordner im Computer anlegen sowie diverse Unterverzeichnisse. Sind die Unterverzeichnisse einmal angelegt, hat dies den Vorteil, dass Sie diese Unterverzeichnisse leicht hin und her verschieben können – bis alles sinnvoll erscheint. In diesem Fall würden Sie den Schritt mit der Mind-Map einfach überspringen. Je nach persönlicher Vorliebe und Komplexität der Dateiablage ist dies eine praktikable Alternative.

Ablage-Spielregeln oben abspeichern

Tipp: Wenn Sie die neue Struktur angelegt haben, legen Sie ganz oben das Unterverzeichnis „Ablage-Spielregeln" an. Legen Sie dort Ihre Ablage-Spielregeln ab. Dann weiß jeder, wo er bei Unklarheiten nachlesen kann.

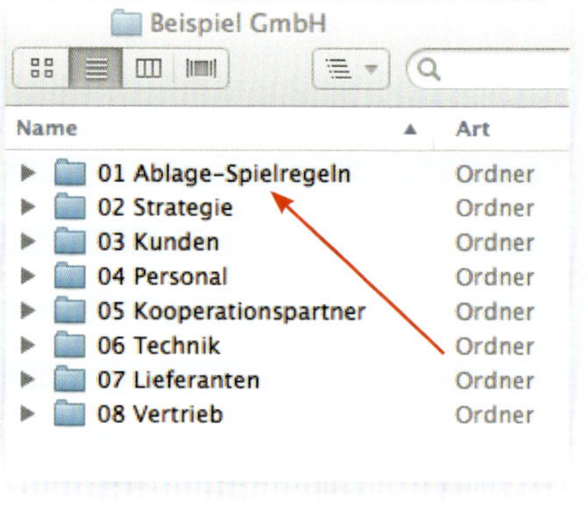

3. Backup erstellen lassen

Die alte Struktur sichern

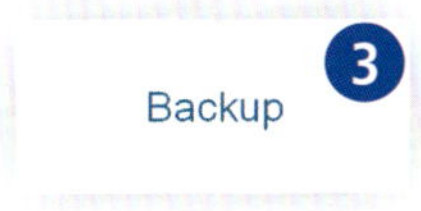

Wenn Sie die neue Struktur erstellt haben, lassen Sie im nächsten Schritt von der IT ein Backup erstellen. Dies unterstützt die Bereitschaft der Kollegen, sich auf die neue Struktur einzulassen. Wenn es ein Backup gibt, ist damit zugleich klar: Sollte man in der neuen Struktur im Einzelfall etwas nicht finden, kann bei Bedarf jederzeit auf die Dateien aus der alten Struktur zurückgegriffen werden.

4. Benötigte Dateien verschieben

Benötigte Dateien in die neue Struktur verschieben

Vereinbaren Sie nun eine Übergangszeit, in der die Dateien von der bisherigen Struktur in die neu geschaffene verschoben werden. Ich empfehle, diese möglichst kurz zu halten (zum Beispiel vier Werktage). In dieser Zeit werden die noch benötigten Dateien aus der alten Struktur in die neue Struktur verschoben. Um die Arbeitsbelastung auf mehrere Schultern zu verteilen, teilen Sie diese Aufgabe am besten unter den Kollegen auf.

Sich nicht in der Vergangenheit verlieren

Tipp: Halten Sie sich nicht zu lange mit dem Prüfen und Verschieben auf. Ich hatte einmal mit einem Werkleiter zu tun, der mir erklärte, er müsse noch ca. 6.500 alte Dateien seines Vorgängers anschauen. Dort wären sicher viele interessante Informationen enthalten (die Firma wurde aus einer Insolvenz aufgekauft). Ich erklärte ihm dann, dass in der realen Welt sehr viel passiert, während er sich in der Vergangenheit aufhält. Das leuchtete ihm ein. Er verzichtete dann darauf, die alten Dateien zu sichten bzw. tat das dann nur in einem überschaubaren Maß.

Neue Struktur auf dem Prüfstand

Nach der Übergangszeit trifft sich noch einmal die komplette Abteilung. Fragen Sie sich gemeinsam:

- Bewährt sich die neue Struktur im Alltag an allen Enden?
- Gibt es noch unklare Unterpunkte?

Struktur bei Bedarf anpassen

Auf Basis dieser Erkenntnisse können Sie bei Bedarf gemeinsam die Ordnerstruktur anpassen. Wichtig: Denken Sie dann auch daran, die Dokumentation entsprechend zu aktualisieren. Wenn sich dann alle einig sind und alle Ungereimtheiten behoben sind, arbeiten Sie ab jetzt nur noch mit der neuen Struktur.

5. Alte Struktur löschen

Alte Struktur löschen 5

Wenn die neue Struktur im Einsatz ist, kann die alte Struktur in diesem Zuge gelöscht werden. Denken Sie dann auch daran, die Bezeichnung des neuen Ordners („_NEU“) zu löschen.

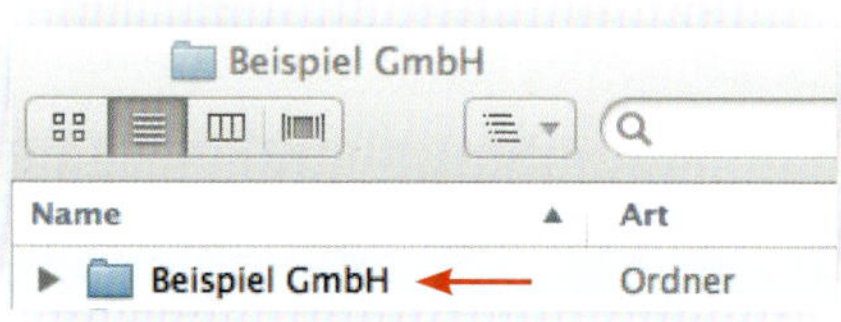

Die fünf Schritte auf einen Blick:

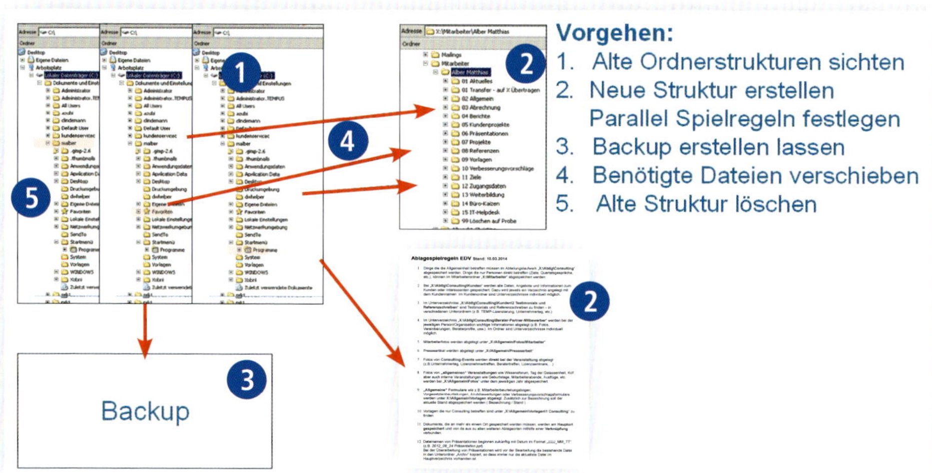

Darauf kommt es an

Nichts mehr in der alten Struktur speichern

Es ist wichtig, dass während der Übergangszeit keine neuen Dokumente innerhalb der alten Struktur gespeichert werden.

Was der Tipp bewirkt

Tatsächlich benötigt

- Es verbleiben nur noch die Dateien und Ordner, die auch tatsächlich benötigt werden.

Durchdacht und nachvollziehbar

- Die Dateistruktur ist durchdacht, nachvollziehbar dokumentiert und damit auch für neue Mitarbeiter verständlich.
- Sollte doch einmal etwas fehlen, kann auf das Backup zurückgegriffen werden.

3.3 Arbeiten Sie mit Projektnummern

Verknüpfung von Datei und Papier

Oft gibt es keine bewährte Systematik bei der Ablage von Dateien und Papieren – etwa bei Projekten oder Kundenaufträgen.

So gehen Sie vor

Arbeiten Sie mit einer Kombination aus Kunden- und Projektnummern. Der erste Teil der Nummer bezeichnet den Kunden, der zweite die Nummer des Auftrags.

Beispiel

Angenommen, Sie haben maximal 999 Kunden und maximal 999 Projekte bzw. Aufträge pro Kunde. Die Nummer könnte dann sechs Stellen haben, die durch einen Punkt getrennt sind. Die Nummer 023.003 zeigt dann an, dass es sich um einen Auftrag des Kunden Nr. 023 handelt und zwar um das 3. Projekt.

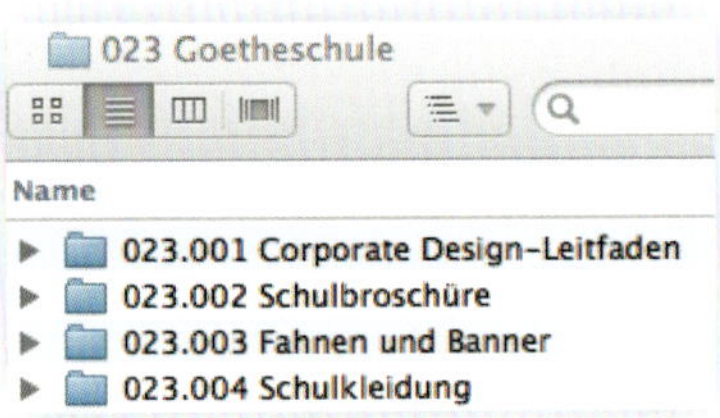

Im Computer und im Papierarchiv

Die eindeutige Nummer kann dann sowohl im Computer wie auf den Ordnungsmitteln für Ihre Papiere verwendet werden:

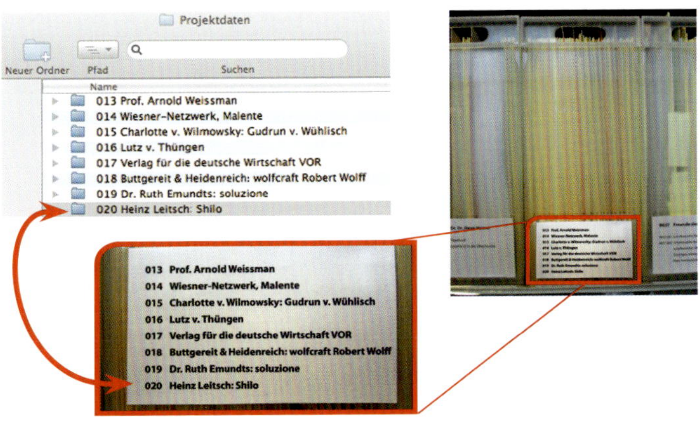

3.4 Benennen Sie Dateien und Ordner sinnvoll und nach einem einheitlichen Schema

Wenig aussagekräftig

Dateinamen sind oft wenig aussagekräftig.

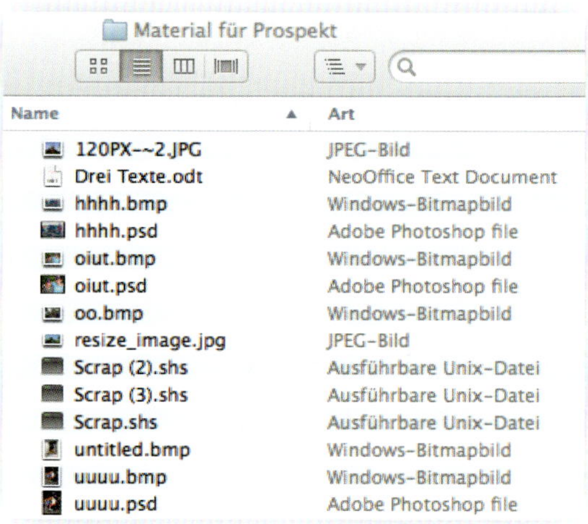

So gehen Sie vor

Folgende Anregungen haben sich schon an vielen Arbeitsplätzen für das Vergeben von *Dateinamen* bewährt:

Inhalt der Datei

- Vergeben Sie Namen, die auf den Inhalt der Datei schließen lassen. *Beispiel:* „Steiner_Ida_Porträt.bmp" statt „hhhh.bmp"

Versionierung

- In manchen Fällen – etwa bei Konzeptentwürfen – ist es wichtig, auch auf ältere Fassungen zurückgreifen zu können. Kopieren Sie die Datei. Setzen Sie bei der Kopie das aktuelle Datum hinten an den Dateinamen. *Beispiel:* „Strategiekonzept_2014_03_27.doc" statt „Strategiekonzept_neu.doc". „2014" steht dabei für das Jahr, „03" für den Monat März, „27" für den 27. Tag. Wenn es an einem Tag mehrere Versionen gibt, nummerieren Sie diese einfach durch: „Strategiekonzept_2014_03_27_1.doc". So kann stets mit einem Blick die aktuelle Version identifiziert werden. Wenn Sie Zeichen sparen wollen, ginge es auch noch etwas kürzer: „Strategiekonzept_140327_1.doc."

Beim Benennen von *Ordnern* haben sich folgende Tipps als sinnvoll erwiesen:

„Verschiedenes"

- Ein Ordner mit dem Namen „Verschiedenes" oder „Sonstiges" kann gefährlich sein. Er wird schnell zum Grab. Mit etwas Überlegung ist ein solcher Ordner meist vermeidbar.

Andere Reihenfolge

- Wenn die Reihenfolge nicht alphabetisch sein soll, setzen Sie einfach Nummern vor die Dateinamen:

Zahl der Unterordner

- Ein Verzeichnis sollte nicht viel mehr als etwa sieben Unterordner haben. Sonst kann es schnell unübersichtlich werden. Fassen Sie zusammengehörige Ordner in einem neuen Verzeichnis zusammen. Damit bewahren Sie Übersichtlichkeit. *Beispiel:*

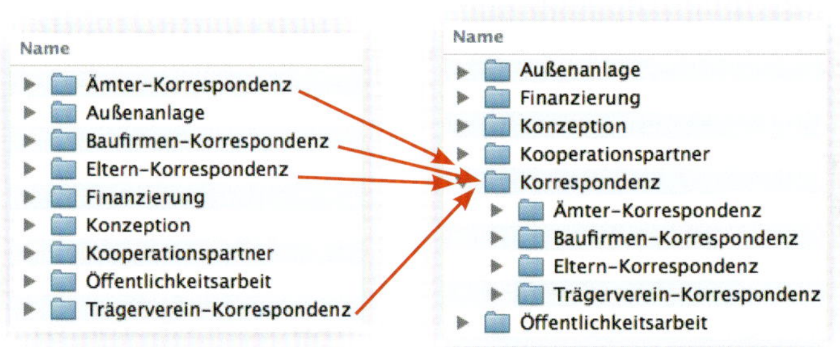

Was der Tipp bewirkt

Auf einen Blick finden

- Wenn Sie eine Datei später erneut benötigen, werden Sie sie beim Blick in den zugehörigen Ordner schneller finden.

Suchfunktion

- Wenn aussagekräftige Namen vergeben wurden, können Sie die Suchfunktionen Ihres Rechners besser nutzen.

Leichter für die Kollegen

- Sie machen das Finden auch für Ihre Kollegen leichter.

Darauf kommt es an

Wichtig: Durchgängigkeit

Sie können beim Vergeben von Dateinamen ein beliebiges System wählen. Wichtig ist nur, dass dieses System durchgängig befolgt wird.

3.5 Reduzieren Sie Doppelablagen

Mehraufwand und Unklarheiten

Oft kann ein Dokument sowohl als Datei als auch in Papierform abgelegt werden. Dies kann zu unnötigem Aufwand sowie zu Unklarheiten führen.

So gehen Sie vor

Handeln Sie auch bei der Ablage von Dokumenten nach dem Kaizen-Prinzip „Alles hat *einen* Platz, alles hat *seinen* Platz." Definieren Sie klare Spielregeln dafür, was digital und was in Papierform abgelegt wird. Hinterlegen Sie die Vereinbarungen bei den Ablagespielregeln.

Darauf kommt es an

1-Minuten-Regel

Berücksichtigen Sie bei Ihren Überlegungen, wie viele Personen auf ein Dokument zugreifen. Sind es mehrere, die womöglich noch über das ganze Unternehmen verstreut arbeiten, spricht dies klar für die elektronische Ablage. Denn jedes Dokument sollte innerhalb einer Minute zugänglich sein. Wenn jemand erst seinen Raum verlassen muss, um an ein Papierdokument in einem anderen Büro zu kommen, dauert das zu lang.

Ein Ablageort reicht

Einmal traf ich im Rahmen einer Umsetzungsberatung auf einen Controller, mit dem wir gemeinsam an seiner Ablagestruktur gearbeitet haben. Er bekam monatlich Berichte, die er ausdruckte und in einem gewöhnlichen Ordner abheftete. Zudem beließ er sie in seinem E-Mail-Programm und legte sie zusätzlich noch auf dem Server ab – zur Sicherheit. Die monatlichen Berichte waren also jeweils drei Mal gespeichert. Weil er sie lediglich digital benötigt, haben wir uns dann gemeinsam darauf geeinigt, dass er die Daten künftig nur noch auf dem Server ablegt. Dies hat auch den Vorteil, dass seine Kollegen und Vertreter problemlos Zugang zu den Unterlagen haben.

Was der Tipp bewirkt

Kein Mehraufwand

Gibt es nur einen Ablageort, wird der Aufwand für die Mehrfachablage vermieden. Zudem gibt es keine Unklarheiten, welche Version aktuell ist.

3.6 Vermeiden Sie Mehrfachspeicherungen

Welche Version ist aktuell?

Manchmal gibt es verschiedene Orte, an denen Dokumente sinnvoll abgespeichert werden können. Wird eine Datei jedoch mehrfach abgelegt, ist unklar, welche Version aktuell ist.

So gehen Sie vor

Legen Sie in den Ablage-Spielregeln gemeinsam fest, dass stets nur je eine Originaldatei gespeichert wird. Falls weitere Speicherorte sinnvoll sind, werden dort Verknüpfungen hineingelegt, die auf die Originaldatei verweisen (auf Apple-Computern heißen Verknüpfungen „Alias").

Beispiel für Verknüpfungen

Anhand des Pfeils, der auf dem Symbol angezeigt wird, können Verknüpfungen von der Originaldatei unterschieden werden.

Was der Tipp bewirkt

Schnell wiederfinden

Mit Verknüpfungen vermeiden Sie Mehrfachspeicherungen und ermöglichen das schnelle Wiederfinden der Originaldatei. Der große Vorteil: Sie arbeiten immer mit der aktuellen Datei. Sie bewältigen damit eine verbreitete Schwierigkeit, denn das Problem ist meist nicht das Ablegen, sondern das Wiederfinden.

Darauf kommt es an

Mehrere Verknüpfungen ablegen

Legen Sie eine Verknüpfung überall dort ab, wo wahrscheinlich nach der Datei gesucht bzw. wo die Datei benötigt wird.

Extra-Tipp

Für andere Mitarbeiter wichtig

Verknüpfungen sind auch überall dort sinnvoll, wo Dateien für andere Mitarbeiter wichtig sind. Hierzu finden Sie Anregungen auf den Seiten 67f.

3.7 Nutzen Sie für Vorversionen Archivordner

Chaos durch veraltete Dateien

Oft behält man Dokumente in den Projektordnern, die schon längst veraltet oder bereits erledigt sind. Denn es könnte ja sein, dass sie doch noch irgendwann gebraucht werden. Je mehr solcher Dokumente im Ordner liegen, desto schneller verliert man die Übersicht.

So gehen Sie vor

Legen Sie in Ihrem jeweiligen Projektordner den Ordner „Archiv" an. In diesen Archivordner schieben Sie alle alten Dateien. Nur aktuelle Dateiversionen bleiben im Projektordner.

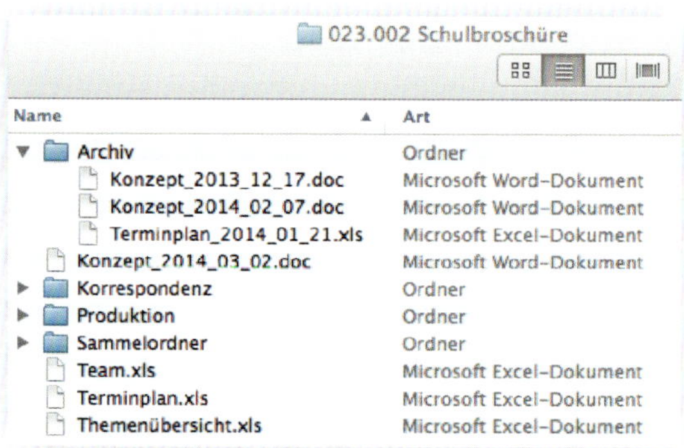

Alternativ-Idee

„Erledigt" und „Verworfen"

In manchen Fällen ist es sinnvoll, weiter zu differenzieren und zusätzlich die Ordner „Erledigt" sowie „Verworfen" anzulegen. In „Erledigt" kommen die Dateien, die Sie abgearbeitet haben. In „Verworfen" kommen zum Beispiel Entwürfe, die abgelehnt wurden, aber nicht gelöscht werden sollen.

Was der Tipp bewirkt

Alte Dateien bei Bedarf zur Hand

Das Vorgehen stellt sicher, dass die Dateien in Ihren Projektordnern immer auf dem aktuellen Stand sind. Sie haben den alten Unterlagen eine Heimat gegeben und können bei Bedarf auch auf diese Dateien zugreifen, ohne aber die Gesamtübersicht zu verlieren.

3.8 Führen Sie Ablage-Spielregeln ein

Wo abspeichern?

Wenn eine neue Datei gespeichert werden muss, ist häufig unklar, wo dafür der richtige Ort ist.

So gehen Sie vor

Erstellen Sie Ablage-Spielregeln, aus denen hervorgeht, wo der geeignete Speicherort ist. In unserem Unternehmen, tempus, hat es sich bewährt, grundsätzlich die folgenden Möglichkeiten zu unterscheiden:

- Alle (Allgemein, Projekte)
- Abteilung
- Persönlich

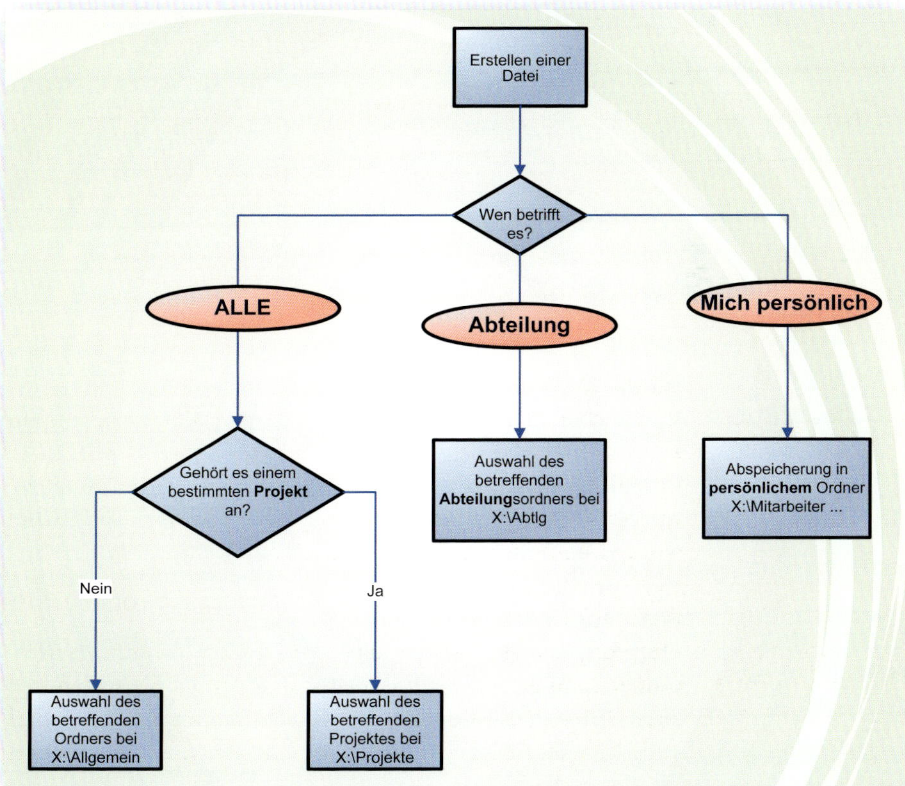

Vier Möglichkeiten

Diese Unterscheidung funktioniert so gut, dass wir sie auch in unseren Seminaren und Umsetzungsberatungen empfehlen. Ich lade Sie ein, sich nun die vier möglichen Speicherorte etwas genauer anzuschauen.

1. Allgemein-Ordner

Allgemein-Ordner

In den Allgemein-Ordner kommen Dateien, die keiner Abteilung zugerechnet werden können, aber abteilungs- und projektübergreifend für die ganze Firma von Relevanz sind. Beispiele sind Logos, Mottos, Infos.

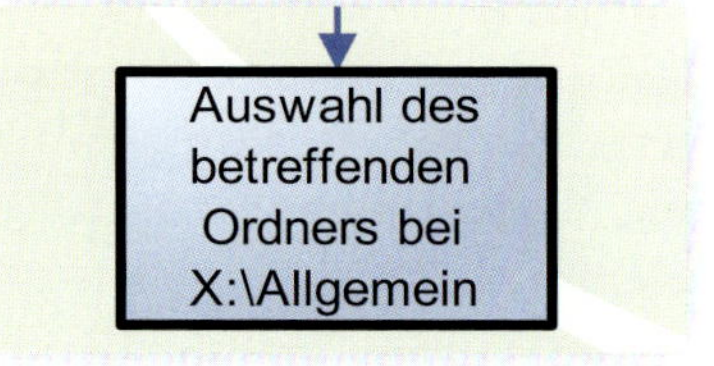

2. Projekt-Ordner

Projekt-Ordner

In den Projekt-Ordner kommen Daten zu Großprojekten, die von mehreren Abteilungen bearbeitet werden. Ein Beispiel aus unserem Hause ist der *Tag der Gelassenheit* (eine von uns organisierte Veranstaltung, www.tag-der-gelassenheit.de).

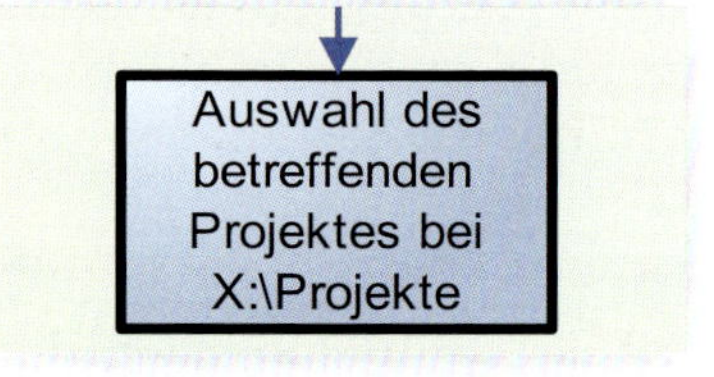

3. Abteilungs-Ordner

Abteilungs-Ordner

Hier kommen alle Dateien hinein, die nur die jeweilige Abteilung betreffen. Abteilungsrelevante Daten sind zum Beispiel Kundendaten, Buchhaltungsdaten sowie Projekte, die nur eine Abteilung betreffen.

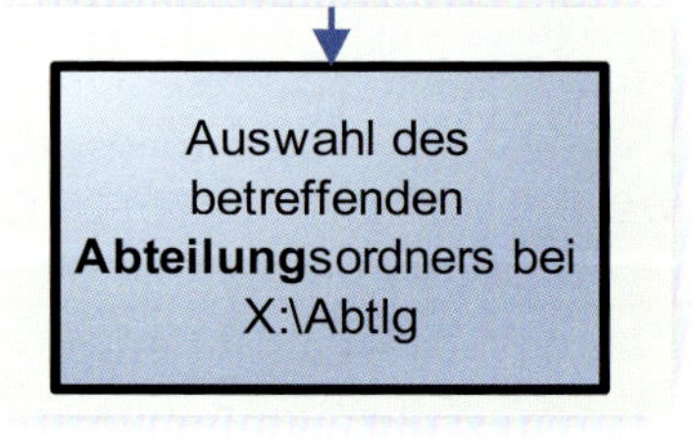

4. Persönlicher Ordner

Persönlicher Ordner

Jeder Mitarbeiter bekommt einen eigenen Ordner. Diese Ordner sind nach Namen sortiert (Nachname, Vorname). Praktikanten speichern unter Mitarbeiter\Praktikanten\Nachname, Vorname.

Nichts, was andere brauchen können

In seinem persönlichen Ordner darf jeder völlig selbstständig vorgehen. Wichtig ist nur, dass hier nichts gespeichert wird, was zum Beispiel ein Vertreter oder Kollege jemals benötigen könnte. Alles, was im Vertretungsfall auch ein Kollege braucht, muss in einem der anderen Ordner gespeichert werden.

Tipps auch hier anwenden

Damit man die eigenen Dateien auch selbst wiederfindet, lohnt es sich, auch im persönlichen Ordner die Tipps aus diesem Kapitel des Buches anzuwenden, etwa Vergabe von Dateinamen.

Der persönliche Ordner wird direkt bei Eintritt des Mitarbeiters angelegt. Verlässt der Mitarbeiter das Unternehmen und man löscht seinen Ordner, dürfte dort nichts verloren gehen.

Regeln gemeinsam vereinbaren

Soweit zu den vier Möglichkeiten. Auch hier gilt: Es gibt nicht Falsch oder Richtig. Wichtig ist die Konsequenz. Diese unterstützen Sie, indem Sie die Regelungen gemeinsam vereinbaren und nachvollziehbar sowie gut zugänglich dokumentieren.

Beispiel aus einem EDV-Workshop

Wenn Sie dies tun, wird es Ihnen besser gehen als einer Firma, die mich zu einem EDV-Workshop eingeladen hatte. Als ich fragte, wie die Dateien abgelegt werden, lautete die Antwort sinngemäß so:

- Alles wird auf dem Laufwerk X abgelegt.
- Auf dem Laufwerk M wird das Gleiche abgelegt, aber dort haben auch die Außenstellen Zugriff. Auf meine Frage, warum es dann zwei Laufwerke gibt, wusste keiner eine Antwort – auch nicht der EDV-Leiter.

Dateitransfer

- Auf dem Laufwerk Y werden die Dateien abgelegt, die für den Transfer bestimmt sind. Wenn also Mitarbeiter A eine Datei für Mitarbeiter B hat, dann schiebt er sie auf das Laufwerk Y, damit Mitarbeiter B zugreifen kann. Auf meine Frage, warum denn Mitarbeiter B nicht gleich direkt auf die Daten von Mitarbeiter A zugreift, kam die Aussage, dass man den Grund dafür nicht wüsste. Es hatte also nichts mit Geheimhaltung zu tun.

Persönliche Laufwerke

- Es gab darüberhinaus eine Reihe von weiteren Laufwerken. Einige Mitarbeiter hatten auch Laufwerke mit ihrem Namen. Interessanterweise hatten aber auch andere Mitarbeiter ihre Daten dort hinterlegt.

Häufiges Problem

Nur zur Klarstellung: Insgesamt handelte es sich um eine erfolgreiche Firma – aber in Sachen EDV hatte sie ein Problem, das häufig anzutreffen ist.

Was der Tipp bewirkt

Eindeutige Struktur

- Gemeinsam genutzte Dateien (zum Beispiel Projektdaten) werden nach einer eindeutigen Struktur abgespeichert.

Keine Unsicherheit

- Eine unerwünschte Mehrfachspeicherung wird ebenso vermieden wie Unsicherheit bei der Wahl des richtigen Speicherortes.

Gute Orientierung

- Kollegen, neue Mitarbeiter oder Praktikanten finden sich ohne Mühe und lange Einarbeitungszeit zurecht.

Weniger Frust

- Das Ergebnis: Weniger Frust und mehr Geschwindigkeit bei der Arbeit.

Darauf kommt es an

- Dokumentieren Sie, auf welche Spielregeln Sie sich für die Ablage von Dateien geeinigt haben.
- Falls noch nicht geschehen, legen Sie die Ablage-Spielregeln ganz oben auf der ersten Ebene ab (siehe auch Seite 58).

Service: Anregungen, wie Sie Dateistrukturen optimieren und weiter differenzieren können, finden am Beispiel von vier Controllern gratis bei www.buero-kaizen.de/buch.

3.9 So gelingt die Umsetzung

Vielfältiger Nutzen

Der Nutzen von Büro-Kaizen® ist vielfältig. Häufige Effekte sind: verbesserte Selbstorganisation, Reduzierung von Fehlern, geringere Suchzeiten, kürzere Durchlaufzeiten, mehr Zufriedenheit. Dies gilt auch für das intelligente Speichern von Dateien.

Überprüfen Sie sich selbst

Haben Sie …

… beim Erarbeiten der Ablagestruktur einen möglichst grundsätzlichen Ansatz gewählt und die Unternehmensprozesse berücksichtigt? ☐ Ja ☐ Nein

… diejenigen Themen gesammelt, zu denen Dateien für die Ablage anfallen? ☐ Ja ☐ Nein

… die alte Ordnerstruktur gesichtet und mit Berücksichtigung der dabei gewonnenen Erkenntnisse die neue Struktur in einem Unterverzeichnis erstellt? ☐ Ja ☐ Nein

… mit Ihren Kollegen diskutiert und gemeinsam Lösungen entwickelt, wie Sie die Ablage zukünftig organisieren wollen? ☐ Ja ☐ Nein

… ein Backup der bisherigen Daten erstellt? ☐ Ja ☐ Nein

… benötigte Dateien verschoben, ohne sich zu lange mit dem Prüfen und Verschieben aufzuhalten? ☐ Ja ☐ Nein

… die alte Struktur gelöscht? ☐ Ja ☐ Nein

… eine Systematik bei der Ablage von Dateien und Papieren gefunden – etwa bei Projekten oder Kundenaufträgen (z. B. Projektnummern)? ☐ Ja ☐ Nein

… sich daran gewöhnt, aussagekräftige Dateinamen zu vergeben? ☐ Ja ☐ Nein

… eine Lösung gefunden, die es Ihnen auf einfache Weise ermöglicht, auch auf ältere Fassungen von Dateien zurückzugreifen? ☐ Ja ☐ Nein

… Spielregeln für das Benennen von Ordnern gefunden? ☐ Ja ☐ Nein

… geklärt, welche Dokumente elektronisch und welche in Papierform abgelegt werden? ☐ Ja ☐ Nein

… festgelegt, dass es je nur eine Originaldatei gibt, auf die über Verknüpfungen verwiesen wird, um Mehrfachspeicherungen zu vermeiden? ☐ Ja ☐ Nein

… geklärt, wo Sie Vorversionen aufbewahren (zum Beispiel im Archivordner)? ☐ Ja ☐ Nein

… Ablage-Spielregeln erstellt, in denen Sie die Aspekte schriftlich dokumentieren, die sich als sinnvoll erwiesen haben? ☐ Ja ☐ Nein

… in den Ablage-Spielregeln festgelegt, wo für welche Datei der richtige Ort ist, indem Sie zum Beispiel zwischen Allgemein-, Projekt-, Abteilungs- und persönlichen Ordnern unterscheiden? ☐ Ja ☐ Nein

„Jeder Einzelne
ist großartig.

In der Zusammenarbeit
mit anderen
kommt das voll
zur Entfaltung."

Jürgen Kurz

4 Meistern Sie gelassen das Miteinander im Team

Teams schaffen Großes

Ziele gemeinsam mit anderen zu erreichen, empfinden viele Menschen als Hochgenuss. Vor allem komplexe Aufgaben, die ein vielfältiges Wissen und unterschiedliche Begabungen voraussetzen, können meist nur von Teams bewältigt werden. Und wenn das Zusammenspiel gut funktioniert, macht Teamarbeit zudem viel Freude.

Doch wie sieht es im Alltag aus? Allzu oft wird die Teamarbeit durch ganz banale Schwierigkeiten behindert:

Abstimmen der Termine

- Schon das Finden und Abstimmen der nötigen *Termine* kann einem den letzten Nerv rauben.

Effizienz der Besprechungen

- Fehlt in den *Besprechungen* ein gewisses Maß an Disziplin, verrinnt die Zeit schneller, als einem lieb sein kann – und am Ende des Tages fragt man sich, was man eigentlich geschafft hat.

Schreiben der Protokolle

- Die Aufgabe des *Protokollschreibens* hat meist den Charakter des Schwarzen Peters – jeder ist froh, wenn er damit keine Berührung hat. Werden jedoch die Ergebnisse nicht festgehalten, wächst die Gefahr, dass vereinbarte Aufgaben nicht umgesetzt werden.

Vertretungsregelungen

- Oft ist auch nicht wirklich klar, wer für welche Aufgaben im Detail zuständig ist, wer als *Vertreter* fungiert, wenn die verantwortliche Person mal nicht ansprechbar ist und welche Aufgaben der Vertreter eigentlich hat. In der Folge entstehen Unklarheiten, Aufgaben bleiben unerledigt, Entscheidungen werden aufgeschoben und verhindern das Vorankommen.

Einfache Tools nutzen

All das muss nicht sein. Die digitale Welt hält gerade für die Teamarbeit viele Möglichkeiten bereit, die eine zielorientierte Zusammenarbeit unterstützen. Häufig reicht es dabei schon aus, einfache und oft schon vorhandene Tools zu nutzen. In diesem Kapitel finden Sie dazu praxiserprobte Anregungen.

4.1 Erleichtern Sie das Finden von Terminen

Terminfindung kostet Zeit

Wer kennt das nicht: Es soll ein Termin für eine Besprechung gefunden werden und man verbringt viel Zeit damit, den Teilnehmern E-Mails zu senden und hinterherzutelefonieren, um die jeweiligen terminlichen Beschränkungen zu berücksichtigen.

Sehr mühsam

Einer unserer Beratungskunden erlebte Folgendes: Intern hatte er einen Schulungstermin mit etwa 100 Mitarbeitern abzustimmen. Er schrieb sie per E-Mail an, nannte verschiedene Möglichkeiten und bat darum, sich einen Termin auszusuchen und ihn entsprechend zu informieren. Das Ergebnis war, dass auf die Mail nur etwa 10 Mitarbeiter antworteten. Es war für ihn sehr mühsam, den am besten passenden Termin herauszufinden.

So gehen Sie vor

Stimmen Sie den Termin für die nächste Besprechung wenn möglich zum Ende der aktuellen Besprechung ab – am einfachsten geht es immer noch, wenn alle Beteiligten an einem Tisch sitzen.

Alternativ-Idee Nr. 1: Doodle®

Doodle®

Erfahrungsgemäß ist das Abstimmen eines neuen Termins am Ende der aktuellen Sitzung nicht immer möglich. Hier können Internetwerkzeuge für Terminumfragen wie Doodle® helfen.

Das Prinzip

Das Prinzip funktioniert so:

- Sie geben mehrere *Terminvorschläge* an.
- Anschließend senden Sie eine *Einladung* an diejenigen, die an der Sitzung teilnehmen sollen.
- Die Teilnehmer klicken alle *Termine* an, die ihnen möglich sind. Das ist in Sekunden erledigt.
- Aus der *Übersicht,* die so entsteht, können Sie entnehmen, wer wann kann und wann somit das Treffen stattfinden wird.

Kostenlos und ohne Registrierung

Die Nutzung von Doodle® ist kostenlos möglich. Es ist nicht nötig, ein Benutzerkonto zu erstellen; Sie können sofort loslegen.

Darauf kommt es an

Über den Termin informieren

Sie haben einen geeigneten Termin gefunden? Prima! Nach Abschluss der Abstimmung empfiehlt es sich, noch eine kurze E-Mail an alle zu schreiben und sie über den Sitzungstermin zu informieren. In dieser E-Mail können Sie zugleich um Tagesordnungspunkte bitten oder auf die To-Do-Liste und die offenen Punkte der letzten Sitzung hinweisen.

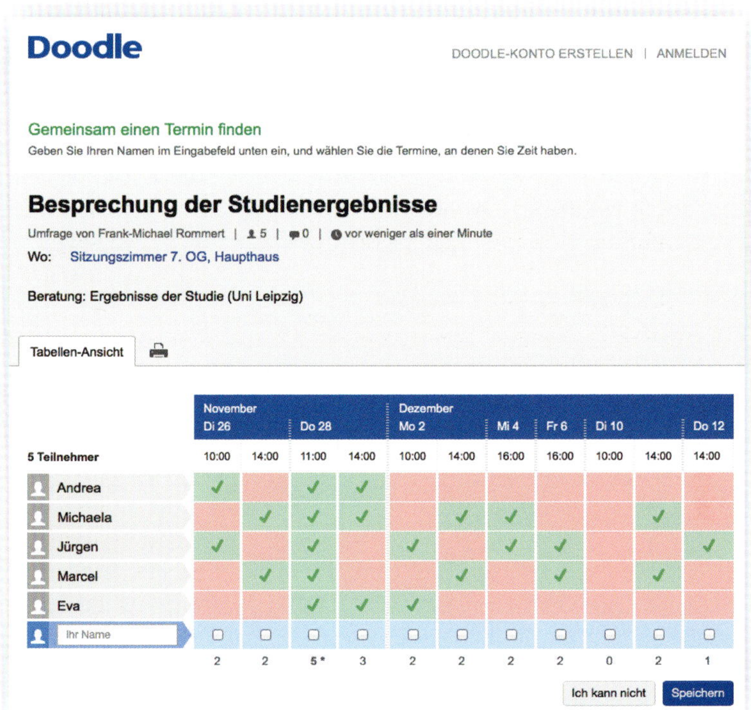

Was der Tipp bewirkt

Weniger Zeitaufwand

- Sie müssen spürbar weniger Zeit für das Abstimmen von Terminen aufwenden.
- Die terminlichen Möglichkeiten sind transparent.

Service: Eine etwas genauere Schritt-für-Schritt-Anleitung zum Erstellen einer Doodle®-Terminumfrage finden Sie gratis unter www.buero-kaizen.de/buch.

Alternativ-Idee Nr. 2: Terminabstimmung per E-Mail

E-Mail per Outlook senden

Eine Alternative zur Abstimmung per Doodle® besteht darin, die Einladung per E-Mail zu machen. Dies ist vor allem dann sinnvoll, wenn der Termin bereits feststeht, Sie aber wissen möchten, wer alles teilnehmen wird. Senden Sie dazu eine E-Mail, die neben den Angaben von Zeitpunkt und Ort sowohl das Programm enthält als auch einen Link.

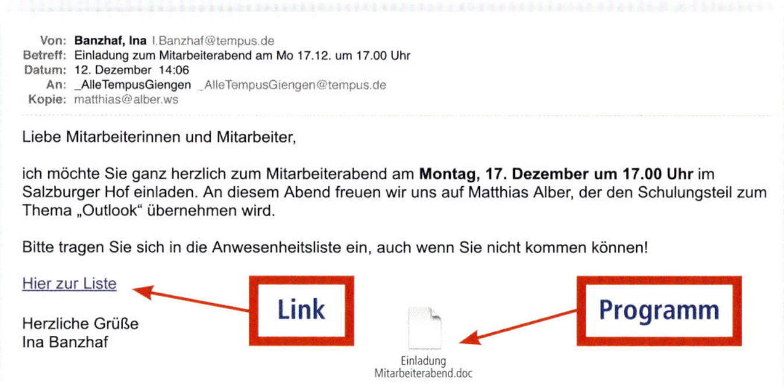
Von: **Banzhaf, Ina** I.Banzhaf@tempus.de
Betreff: Einladung zum Mitarbeiterabend am Mo 17.12. um 17.00 Uhr
Datum: 12. Dezember 14:06
An: _AlleTempusGiengen _AlleTempusGiengen@tempus.de
Kopie: matthias@alber.ws

Liebe Mitarbeiterinnen und Mitarbeiter,

ich möchte Sie ganz herzlich zum Mitarbeiterabend am **Montag, 17. Dezember um 17.00 Uhr** im Salzburger Hof einladen. An diesem Abend freuen wir uns auf Matthias Alber, der den Schulungsteil zum Thema „Outlook“ übernehmen wird.

Bitte tragen Sie sich in die Anwesenheitsliste ein, auch wenn Sie nicht kommen können!

Hier zur Liste

Herzliche Grüße
Ina Banzhaf

Tabellendokument mit Teilnehmerliste

Dieser Link führt zu einer Tabelle, die als Dokument auf Ihrem Server liegt. Wird auf den Link geklickt, öffnet sich das Dokument und der Adressat kann eintragen, ob er teilnehmen kann.

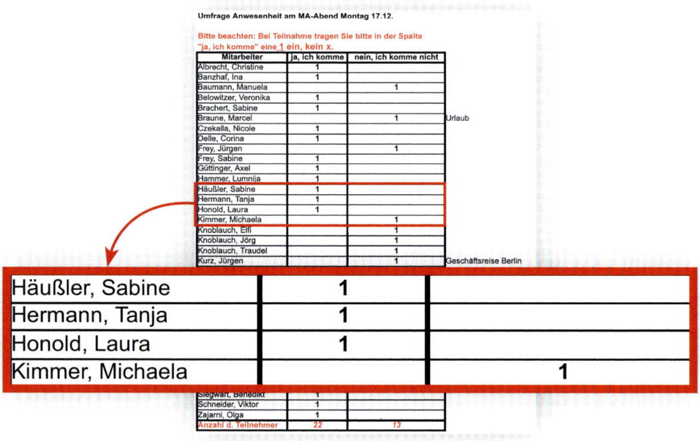
Umfrage Anwesenheit am MA-Abend Montag 17.12.

Bitte beachten: Bei Teilnahme tragen Sie bitte in der Spalte "ja, ich komme" eine 1 ein, kein x.

Mitarbeiter	ja, ich komme	nein, ich komme nicht	
Albrecht, Christine	1		
Banzhaf, Ina	1		
Baumann, Manuela		1	
Belowitzer, Veronika	1		
Brachert, Sabine	1		
Braune, Marcel		1	Urlaub
Czekalla, Nicole	1		
Delle, Corina	1		
Frey, Jürgen		1	
Frey, Sabine	1		
Güttinger, Axel	1		
Hammer, Lumnija	1		
Häußler, Sabine	1		
Hermann, Tanja	1		
Honold, Laura	1		
Kimmer, Michaela		1	
Knoblauch, Elfi		1	
Knoblauch, Jörg		1	
Knoblauch, Traudel		1	
Kurz, Jürgen		1	Geschäftsreise Berlin
Siegwart, Benedikt	1		
Schneider, Viktor	1		
Zajarni, Olga	1		
Anzahl d. Teilnehmer	22	13	

Stand auf einen Blick

Anhand der Zusagen sieht man auf einen Blick, wer zugesagt hat, wer abgesagt hat und wer sich noch nicht gemeldet hat.

Alternativ-Idee Nr. 3: Terminfunktion von Outlook

Terminfunktion

Outlook bietet die Möglichkeit, Termine in den Kalender einzutragen und andere Personen für diese Termine einzuladen. Dies ist vor allem dann sinnvoll, wenn alle mit Outlook arbeiten.

Klicken Sie dazu auf „Teilnehmer einladen“:

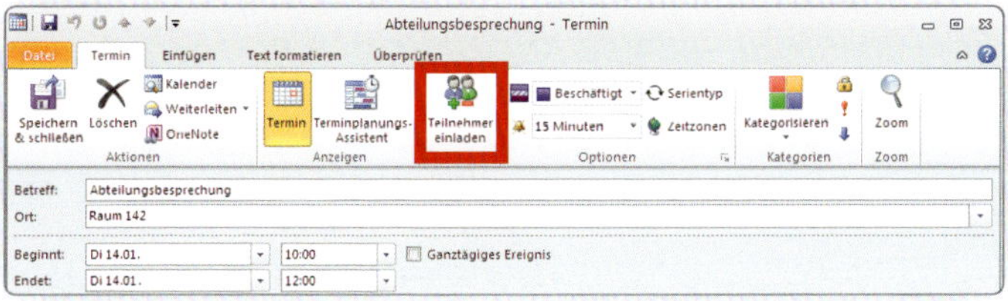

Wählen Sie die richtigen Ansprechpartner aus und senden Sie die Einladung ab.

Reaktion mit einem Klick

Der Empfänger der Einladung hat nun die Möglichkeit, den Termin per Klick zuzusagen, abzulehnen oder aber mit Vorbehalt zuzusagen (was möglichst nicht genutzt werden sollte):

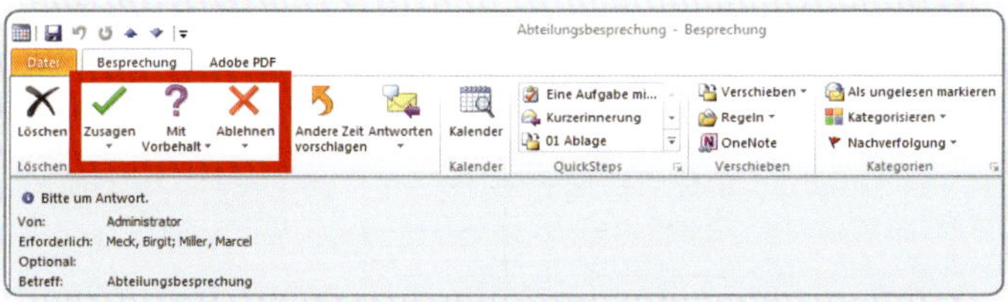

Automatisch im Kalender

Bei Zusage wird der Termin beim Empfänger automatisch in den Kalender eingetragen – das spart entsprechende Arbeit.

Status der Antworten

Der zweite große Nutzen: Unter „Status“ ist sichtbar, wie die einzelnen Empfänger geantwortet haben:

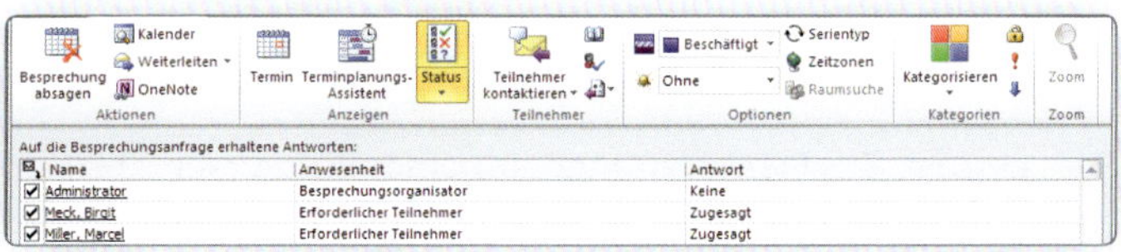

4.2 Verbessern Sie die Effizienz der Besprechungen

Teure Besprechungen

Besprechungen sind oft teuer, da sie schlecht vorbereitet sind und unfokussiert diskutiert wird. Aber ineffiziente Besprechungen kosten nicht nur viel Geld, sondern vor allem Zeit und Nerven für alle Beteiligten. Dies belegen auch die Ergebnisse einer Umfrage unter meinen mehr als 20.000 Newsletter-Lesern, denen ich die folgende Frage stellte: „Wie viel Zeit könnte in Besprechungen eingespart werden, wenn alle Beteiligten pünktlich erscheinen und die einzelnen Tagesordnungspunkte gut vorbereitet sind?“ Ein Viertel der Befragten meinte „31 bis 60 Minuten“, weitere 22 Prozent meinten, es könnten sogar „mehr als 60 Minuten“ eingespart werden.

So gehen Sie vor

- Vereinbaren Sie die Spielregel, dass es zu jedem Besprechungspunkt eine *knappe schriftliche Vorbereitung* gibt, die dem Sitzungsleiter rechtzeitig zur Verfügung gestellt wird (zum Beispiel zwei Tage vorher).

Reagan-Formular

- Aus diesen Unterlagen sollte hervorgehen, was das Problem ist, welche Lösungsmöglichkeiten es gibt, welche empfohlen werden und aus welchem Grund die Empfehlung sinnvoll ist. Hier kann beispielsweise die Nutzung des sogenannten *Reagan-Formular*s eine Hilfe sein.

Tagesordnung vorab verteilen

- Der Sitzungsleiter verteilt die *Tagesordnung* mit den entsprechenden Tagesordnungspunkten sowie den dafür veranschlagten Zeiten vor Beginn der Besprechung (zum Beispiel einen bis zwei Tage vorher).

Darauf kommt es an

Fester Zeitrahmen

- Machen Sie auf einladende Weise klar, dass alle von einem *festen Zeitrahmen* profitieren.
- Vereinbaren Sie, dass Sitzungen *pünktlich beginnen.*

Zeiten einhalten

- Finden Sie jemanden aus der Gruppe, der darauf achtet, dass die für die einzelnen Punkte vorgesehenen *Zeiten auch wirklich eingehalten* werden. Das verhindert Diskussionen, die endlos um eine Sache kreisen und meist nicht mehr zum Ziel führen.

Extra-Tipp

Es kann helfen, Sanduhren auf den Tisch zu stellen. Es gibt dabei Modelle mit unterschiedlichen Durchlaufzeiten. Wir nutzen meist die 15-Minuten-Uhr. Es ist immer wieder verblüffend zu erleben, wie rasch 15 Minuten vergehen. Wenn der Sand durchgerutscht ist und die Uhr umgedreht werden muss, wird das Verrinnen der Zeit für alle Beteiligten spürbar.

Alternativ-Idee

Stellen Sie ein Tablet auf, bei dem eine App für alle sichtbar anzeigt, welche Kosten das Meeting verursacht. Auch wenn das Umrechnen von Zeit in Geld nicht immer sinnvoll oder möglich ist, können die angezeigten Kosten die Teilnehmer dafür sensibilisieren, nah am Thema zu bleiben und ziel- bzw. lösungsorientiert zu diskutieren.

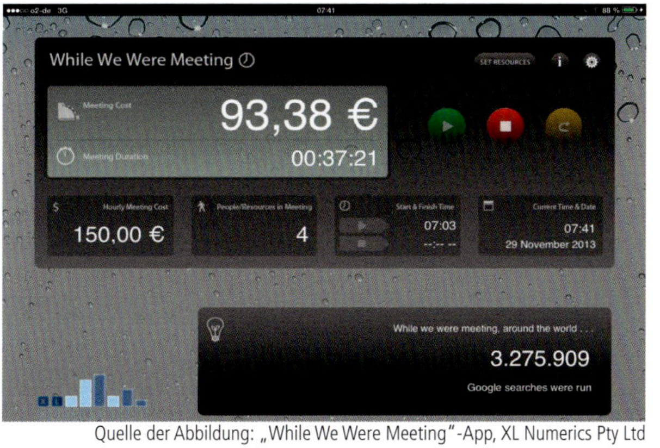

Quelle der Abbildung: „While We Were Meeting"-App, XL Numerics Pty Ltd

Was die Tipps bewirken

Fokussiert und zügig

Das Vorgehen hilft den Sitzungsteilnehmern dabei, die Themen fokussiert und zügig abzuarbeiten.

Service: Das vollständige Befragungsergebnis der eingangs angesprochenen Umfrage, viele weitere Befragungsergebnisse sowie das erwähnte Reagan-Formular finden Sie gratis unter www.buero-kaizen.de/buch. Hier bekommen Sie auch weitere Hinweise zu Meetingkosten-Apps.

4.3 Vereinfachen Sie das Schreiben von Protokollen

Ideen bleiben unverwirklicht

In Besprechungen entstehen oft gute Ideen. Häufig jedoch bleibt ein Teil davon unverwirklicht, da es entweder gar kein Protokoll gibt, es erst Wochen später verschickt wird oder das Protokoll an entscheidenden Stellen Lücken hat. Dies bestätigt auch die Studie, die ich mit Herrn Prof. Dr. Markgraf von der AKAD Hochschule Leipzig durchgeführt habe: Bei Deutschlands größter Onlinebefragung zur Arbeitseffizienz fanden wir heraus, dass im Schnitt 39 Prozent der in Sitzungen beschlossenen To-do-Punkte gar nicht umgesetzt werden. Was für eine Verschwendung!

So gehen Sie vor

Halten Sie die Ergebnisse gleich während des Sitzungsverlaufs fest. Die Mitschrift muss nicht aufwendig gestaltet werden, oft reicht ein Ergebnisprotokoll.

Darauf kommt es an

Ergebnisse per Sofort-Protokoll festhalten

Wichtig ist, dass alle sehen, was notiert wird. Hierzu hat es sich bewährt, das Protokoll während der Besprechung auf einem Computer zu verfassen. Dabei wird das Protokoll mit dem Beamer an die Wand geworfen, sodass alle Beteiligten wahrnehmen, was dokumentiert wird. Auf diese Weise können die Teilnehmer auch gleich Anmerkungen machen oder Missverständnisse auflösen.

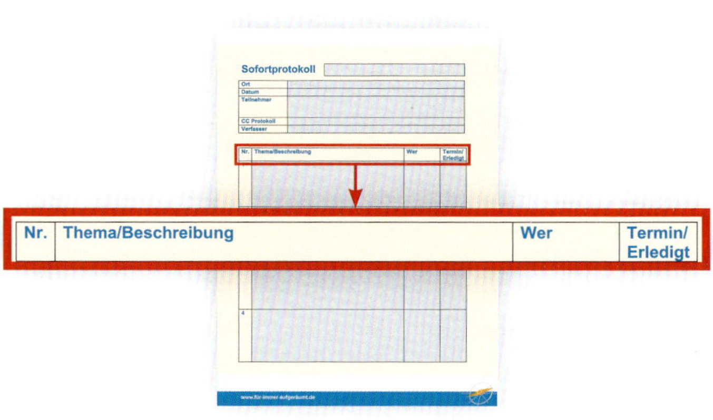

Extra-Tipp

Start mit Themen, die alle angehen

- Fangen Sie die Besprechung mit den Themen an, die alle Beteiligten betreffen. Wenn Sie die Themen, die nicht mehr alle angehen, ans Ende legen, können die anderen die Sitzung verlassen und sich ihren anderen Aufgaben widmen.

To-Do-Punkte der vergangenen Sitzung durchgehen

- Sollten Sie in Ihrem Team Probleme mit dem Abarbeiten der To-Do-Punkte haben, dann setzen Sie immer als ersten Punkt auf die Tagesordnung die Absprache der Erledigung der To-Do-Punkte der letzten Sitzung. Sie werden sehen: Bald erledigen alle ihre Aufgaben. Und wenn mal etwas nicht erledigt wurde, dann gab es dort meist ein Problem, das nun direkt angesprochen und gelöst werden kann.

Alternativ-Idee

Sollten Sie mit Outlook und OneNote (S. 46) arbeiten, können Sie das Protokoll auch komfortabel mit diesen Programmen erstellen. Protokollieren Sie die Besprechung in OneNote, zum Beispiel in einem Notizbuch, auf das die ganze Abteilung Zugriff hat. Die Protokolle können mit dem Termin in Outlook verknüpft werden. So lässt sich mit einem Klick aus Outlook das Protokoll oder die Agenda aufrufen. Mit einem Klick können To-do-Punkte des Protokolls in Outlook-Aufgaben umgewandelt werden. Sie können die Programme also in beide Richtungen (Outlook zu OneNote und OneNote zu Outlook) verknüpfen und im Team verwenden.

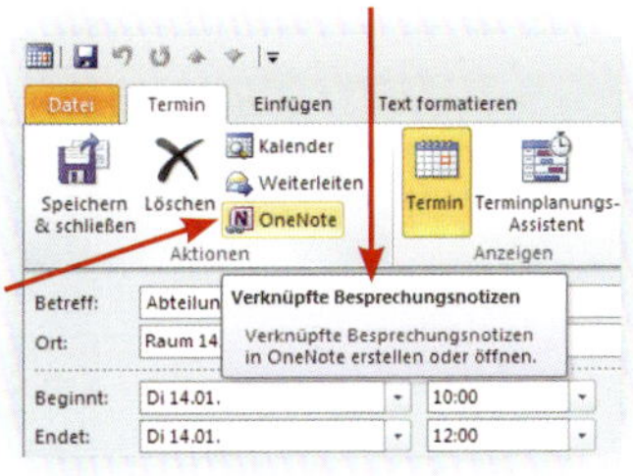

Was der Tipp bewirkt

- Jeder im Raum kann mitdenken.
- Es ist sichergestellt, dass das Protokoll verständlich ist.
- Das Protokoll ist direkt nach Abschluss der Sitzung fertig und kann per E-Mail verteilt werden.

Protokoll ist gleich fertig

Service: Die Studie, die Vorlage für ein Sofort-Protokoll sowie Tipps für den Umgang mit dem Beamer bekommen Sie gratis unter www.buero-kaizen.de/buch. Hier finden Sie auch Tipps für effizientere Besprechungen, die bei einer Umsetzungsberatung bei einem unserer Kunden entstanden sind.

4.4 Klären Sie Zuständigkeiten und definieren Sie Vertretungsspielregeln

Wer ist zuständig?

Wenn das Zusammenspiel gut funktioniert, macht Teamarbeit Freude. Oft ist aber gar nicht klar, wer für welche Aufgaben zuständig ist. Häufig ist auch nicht bekannt, wer als Ansprechpartner fungiert, wenn die verantwortliche Person mal krank, im Urlaub oder aus sonstigen Gründen nicht erreichbar ist. Die Folge sind Unklarheiten, unerledigte Aufgaben, Defekte sowie aufgeschobene Entscheidungen, die das Vorankommen mühsam machen.

So gehen Sie vor

Erstellen Sie eine Tabelle, auf der die Zuständigkeiten sowie die Vertretungen aufgelistet sind (siehe auch S. 104). Sie können zum Beispiel dokumentieren,

- wer sich mit den Druckern und Kopierern auskennt;
- wer Probleme mit der Telefonanlage löst;
- wer bei Computerabstürzen helfen kann;
- wer Schwierigkeiten mit Kabeln und Steckdosen behebt;
- wer für die Pflege der Homepage verantwortlich ist;
- wer sich um die Aktualisierung von Formularen kümmert;
- wer die Telefonliste der Abteilung pflegt.

Lücken werden sichtbar

Mithilfe dieser Liste sehen Sie dann auch, wo noch keine Vertretungsregelungen bestehen.

Extra-Tipp Nr. 1: Rotierende Zuständigkeiten

Rotierende Zuständigkeiten

Wir haben bei Aufgaben, die keine besondere Sachkenntnis erfordern, aber dennoch immer wieder zu erledigen sind, gute Erfahrungen mit rotierenden Zuständigkeiten gemacht.

Beispiel: Kopierraum

Wenn zum Beispiel jeder mal für den Kopierraum zuständig ist, wird nach und nach jedem klar, wie viel Arbeit es macht, bestimmte Dinge in Ordnung zu halten. Ergebnis ist, dass die Teammitglieder mit größerer Sorgfalt mit diesen Dingen umgehen und die gemeinsam vereinbarten Spielregeln eher einhalten. Die Zuständigkeit könnte quartalsweise wechseln.

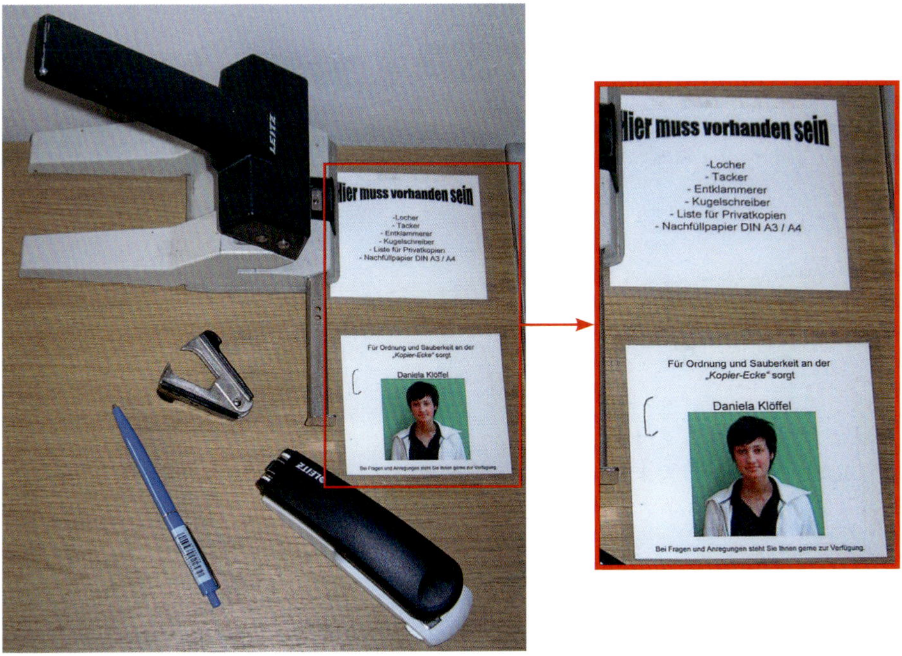

Darauf kommt es an

Wichtig: Aktualität

Damit die Übersichten mit den Zuständigkeiten und den Vertretungsspielregeln ernstgenommen werden, müssen sie aktuell und allen zugänglich sein. Wenn sich Punkte ändern, sind die Dokumentationen entsprechend anzupassen.

Mit Checkliste arbeiten

Eine Checkliste kann helfen, dass im Vertretungsfall nichts vergessen wird. Mögliche Punkte sind:

- Info an den Vertreter über den Zeitraum der Abwesenheit
- Einrichtung Abwesenheitsfunktion in Outlook
- Umstellung des Telefons
- Zugriffsrechte für Dateien und E-Mails eingerichtet

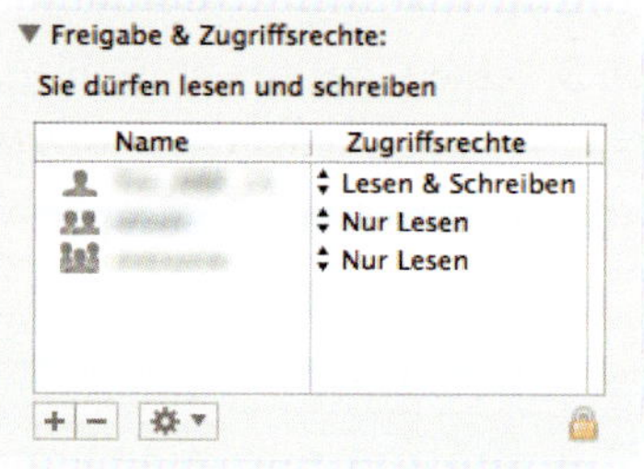

Extra-Tipp Nr. 2: Zuständigkeiten abspeichern

Zuständigkeiten abspeichern

Wenn Sie die Datei mit den Zuständigkeiten sowie den Vertretungen angelegt haben, können Sie diese im Abteilungsverzeichnis ganz oben speichern. Dann weiß jeder, wo er bei Unklarheiten mit einem Klick die gewünschte Information findet.

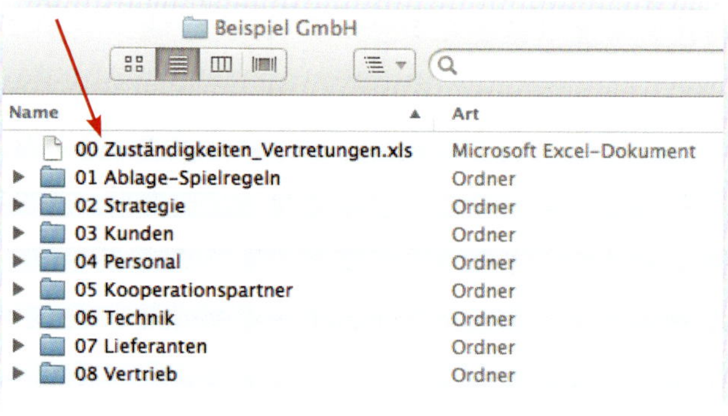

Was der Tipp bewirkt

Klare Zuständigkeiten

- Die Zuständigkeiten sind klar geregelt. Jeder Mitarbeiter weiß, an wen er sich bei Fragen wenden kann.

Vertretungsspielregeln

- Es gibt Vertretungsspielregeln, die eingehalten werden.

4.5 So gelingt die Umsetzung

Jour fixe

Nehmen Sie Störungen der Zusammenarbeit zum Anlass, der Ursache auf den Grund zu gehen und eine Lösung zu schaffen. Wenn Mitarbeiter beispielsweise ständig Rückfragen haben, kann das ein Indiz dafür sein, dass die Prozesse nicht sauber dokumentiert oder Mitarbeiter nicht gut eingearbeitet sind. Wenn sich diese Rückfragen aus dem Tagesgeschäft ergeben, dann überlegen Sie, ob Sie einen Jour fixe einrichten. Dabei handelt es sich um ein regelmäßiges Treffen, zu dem jeder seine Fragen mitbringen kann. Dadurch werden die Störungen reduziert.

Überprüfen Sie sich selbst

Haben Sie …

… die Gewohnheit entwickelt, den Termin für die nächste Besprechung wenn möglich zum Ende der aktuellen Besprechung abzustimmen? ☐ Ja ☐ Nein

… Internetwerkzeuge wie Doodle® für Terminumfragen ausprobiert? ☐ Ja ☐ Nein

… die Spielregel vereinbart, dass es zu jedem Besprechungspunkt eine knappe schriftliche Vorbereitung gibt, die dem Sitzungsleiter rechtzeitig zur Verfügung gestellt wird? ☐ Ja ☐ Nein

… außerdem vereinbart, dass aus diesen Unterlagen hervorgeht, was das Problem ist, welche Lösungsmöglichkeiten es gibt, welche empfohlen werden und aus welchem Grund die Empfehlung sinnvoll ist? ☐ Ja ☐ Nein

… sich als Sitzungsleiter daran gewöhnt, vor Beginn der Besprechung die Tagesordnung mit den entsprechenden Tagesordnungspunkten sowie den dafür veranschlagten Zeiten zu verteilen? ☐ Ja ☐ Nein

… es ausprobiert, während der Sitzung Sanduhren auf den Tisch zu stellen? ☐ Ja ☐ Nein

… alternativ ein Tablet aufgestellt, bei dem eine App für alle sichtbar anzeigt, welche Kosten das Meeting verursacht? ☐ Ja ☐ Nein

… sich daran gewöhnt, die Ergebnisse gleich während des Sitzungsverlaufs per Sofort-Protokoll festzuhalten? ☐ Ja ☐ Nein

… das Protokoll mit dem Beamer an die Wand geworfen, sodass alle Beteiligten wahrnehmen konnten, was dokumentiert wird? ☐ Ja ☐ Nein

… eine Tabelle erstellt, auf der die Zuständigkeiten sowie die Vertretungen aufgelistet sind? ☐ Ja ☐ Nein

… eine Checkliste, die dazu beiträgt, dass im Vertretungsfall nichts vergessen wird? ☐ Ja ☐ Nein

„640 KB
ought to be enough
for anybody."

Bill Gates, 1981

5

Meistern Sie die Infoflut intelligent

Wissen ist heute leicht zugänglich

Nie zuvor war umfangreiches Wissen so leicht zugänglich:

- Es gibt großartige *E-Mail-Newsletter* mit nützlichen Informationen (nebenbei: auch ich biete einen Gratis-Newsletter an, der von vielen Lesern als hilfreich geschätzt wird).
- Wikipedia enthält so viele *spannende Artikel.*
- Wissen steckt in *pdfs* mit gut recherchierten Beiträgen.
- Auf Milliarden interessanter *Websites* sind kostenlose und oft fundierte Inhalte abrufbar.

Entscheidungsdruck wächst

Für viele Menschen ist das ein Traum! Gleichzeitig war nie zuvor der Druck so groß, zwischen wichtig und unwichtig zu unterscheiden und digitale Informationen dann zur Hand zu haben, wenn sie wirklich gebraucht werden:

- *E-Mail-Newsletter* können einen vom Arbeiten abhalten.
- Die wichtigen Informationen in *pdf-Dokumenten* wollen wir vielleicht erst zu einem späteren Zeitpunkt anschauen.
- Viele *Websites* wären es wert, im Auge behalten zu werden, können einen aber angesichts der Vielzahl auch überfordern.
- Wann sollen wir bloß die ganzen *Tweets* und *Social-Media-Einträge* mit Links zu interessant klingenden Artikeln lesen?

Erfolg durch Konzentration

Für noch mehr Menschen ist das ein alltäglicher Alptraum! Wollen Sie alles, was wichtig sein könnte, im Auge behalten, werden Sie sich verzetteln und einen Großteil Ihrer Zeit mit Nebensächlichkeiten verbringen. Erfolg aber entsteht durch Konzentration. Das gilt besonders für den Umgang mit der Infoflut.Auf den folgenden Seiten finden Sie praktische Tipps, die Ihren Umgang mit der Infoflut produktiver machen werden.

Service: Mein Gratis-Newsletter liefert Ihnen einmal im Monat Tipps aus der Praxis. Hier können Sie sich anmelden: www.buero-kaizen.de/newsletter.

5.1 Nutzen Sie Regeln für Ihren E-Mail-Posteingang

Ablenkung durch Mails, die nicht dringend sind

Wer soziale Netzwerke nutzt, bekommt immer wieder E-Mails mit Kontaktanfragen, Hinweisen auf interessante Profile und verschiedenen Benachrichtigungen. Diese E-Mails sind nicht dringend, haben aber ein hohes Ablenkungspotenzial.

XING
XING: Gabriele Fischer hat Sie als Kontakt bestätigt
LinkedIn Connections
See Geraldine's connections, experience, and more...
LinkedIn Updates
LinkedIn Network Updates
Google+
Teydam Khunt hat Sie auf Google+ hinzugefügt
Facebook
Michael Schwertel hat dich eingeladen Die Welt in Zahlen mit „Gefällt mir" zu markieren
Facebook
Friedbert Gay möchte mit dir auf Facebook befreundet sein.
Twitter
Kennst Du Ian Sexton, Gary C. Bizzo und Lucie Peetz auf Twitter?

So gehen Sie vor

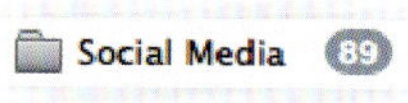

Richten Sie in Ihrem E-Mail-Programm einen „*Social Media*"-Ordner ein. Hier können alle Benachrichtigungen über Kontaktanfragen und ähnliche E-Mails landen – per Regel sogar automatisch. Das befreit den Posteingang. Die E-Mails können Sie dann im Block – beispielsweise einmal pro Woche – verarbeiten.

Was der Tipp bewirkt

Nichts verpassen

Sie werden nicht mehr so stark abgelenkt und verpassen trotzdem nichts, was wichtig sein könnte.

Extra-Tipp

Zahl der Nachrichten reduzieren

Die Zahl der Nachrichten können Sie deutlich reduzieren, indem Sie die Einstellungen in den sozialen Netzwerken entsprechend anpassen. Prüfen Sie, welche Nachrichten Sie wirklich bekommen wollen und deaktivieren Sie alle anderen Punkte.

Service: Wie Sie eine Regel bei Outlook einrichten, sehen Sie gratis unter www.buero-kaizen.de/buch.

5.2 Nutzen Sie einen „Lesen"-Ordner

Mails, die das Tagwerk behindern

Täglich treffen E-Mails ein, die nichts mit den Aufgaben zu tun haben, an denen wir gerade arbeiten, zum Löschen aber zu schade sind. Wer sie dennoch liest, kommt mit dem Tagwerk nicht voran.

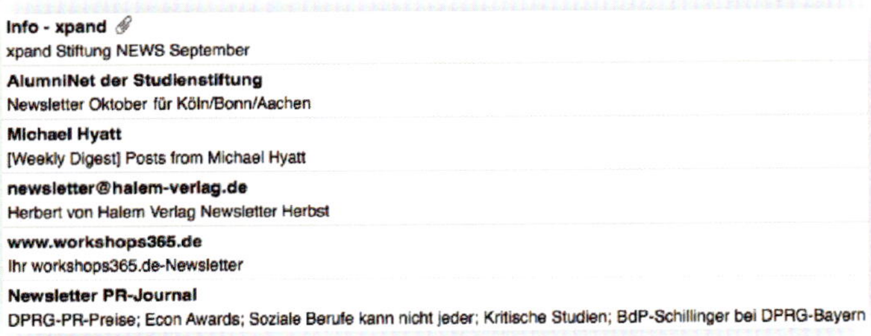

So gehen Sie vor

Ergänzen Sie die Ordnerstruktur in Ihrem E-Mail-Programm um einen „*Lesen*"-Ordner. In diesen Ordner kommen E-Mails, die nicht Ihre unmittelbare Aufmerksamkeit erfordern, aber doch interessant sind. Ein typisches Beispiel sind Newsletter. Eintreffende E-Mails können Sie von Hand oder auch automatisiert dort ablegen. Den „*Lesen*"-Ordner können Sie in einem bestimmten Zeitfenster der Woche – zum Beispiel am Freitagnachmittag – durchgehen und leeren.

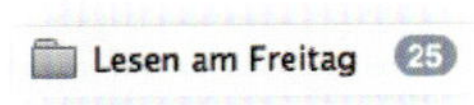

Was der Tipp bewirkt

Bewahrung vor Ablenkungen

Wie schon beim Tipp in Kapitel 5.1 befreit dieses Vorgehen Ihren Posteingang und bewahrt Sie vor Ablenkungen. Zugleich haben Sie die Sicherheit, dass nichts verloren geht, was für Sie interessant ist.

Darauf kommt es an

Den Ordner auch wieder leeren

Sie haben mehrere Möglichkeiten. Leeren Sie den Ordner auch dann, wenn Sie nicht alles lesen konnten. Nächste Woche kommt wieder viel Neues dazu. *Alternativ:* Leben Sie einfach damit, dass in diesem Ordner mehr Mails drin sind, als Sie lesen können. Lassen Sie sich durch die vielen ungelesenen E-Mails nicht stören. Löschen Sie dann gelegentlich alles, das zum Beispiel älter als drei Monate ist.

5.3 Sammeln Sie Dokumente, die Sie später lesen wollen, an einem bestimmten Platz

Virtuelle Lesestapel

Sei es per E-Mail oder per Internetrecherche: Vermutlich stoßen auch Sie immer wieder auf interessante Textdateien, PowerPoint-Präsentationen, pdfs und Audio- oder Videoclips, die zwar interessant für Sie sind, für die Sie aber im Moment keine Zeit haben. Oft fehlt auch der Bezug zu einer aktuellen Aufgabe, für die es schon einen Speicherplatz gäbe. Und so bilden sich im Computer verstreut virtuelle Lesestapel, die schnell recht chaotisch werden.

So gehen Sie vor

Verschieben Sie Dateien mit interessanten Informationen in ein eigenes Verzeichnis, das Sie „Lesen" nennen.

Was der Tipp bewirkt

Eindeutiger Ort

Sie wissen stets, wo Sie eine Datei ablegen können, die Sie sich später mal anschauen möchten.

Extra-Tipps

Verknüpfung auf den Desktop legen

- Sie können eine *Verknüpfung* zu diesem Ordner erstellen und diese auf Ihren Desktop legen. Dann ist das Ablegen von neuen Dateien sowie der Zugriff darauf noch einfacher.

Ordner synchronisieren

- *Synchronisieren* Sie den Ordner über einen Cloud-Dienst wie Dropbox. Dann können Sie auch von unterwegs sowie mit verschiedenen Geräten auf den Leseordner zugreifen.

Darauf kommt es an

Ältere Dateien löschen

Wenn Sie nicht zum Lesen kommen, löschen Sie zum Beispiel alles, was älter als ein Jahr ist – sonst entsteht in diesem Ordner im Laufe der Zeit eine unübersichtliche Datenwüste. Machen Sie sich bewusst: Sie werden nicht die Zeit haben, sich allem zu widmen, was interessant sein könnte.

Service: Wie Sie Tools nutzen, um bestimmte interessante Seiten im Internet zu einem späteren Zeitpunkt zu lesen, sehen Sie gratis unter www.buero-kaizen.de/buch.

5.4 Öffnen Sie mehrere wichtige Websites mit nur einem Klick

Manche Menschen rufen immer wieder die gleichen Websites auf, indem sie die Adresse eingeben und die Seite dann laden. Dies kostet unnötig Zeit. Zudem besteht die Gefahr, immer neue Seiten einzugeben und beim Herumsurfen viel Zeit zu verlieren.

Wiederkehrende Websites

So gehen Sie vor

Legen Sie die Links in einem Lesezeichenordner ab. Nutzen Sie die Browserfunktion, mit der Sie die in diesem Lesezeichenordner gespeicherten Links mit nur einem Klick gleichzeitig in separaten Registerkarten (Tabs) öffnen können.

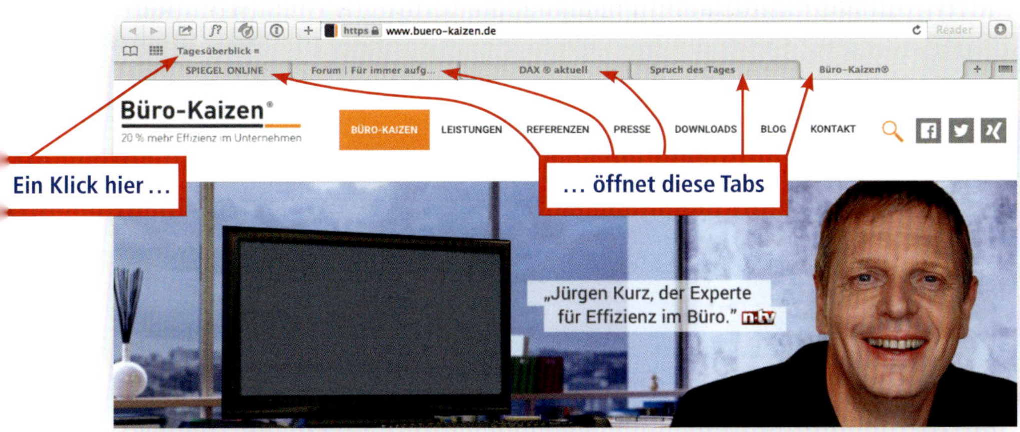

Was der Tipp bewirkt

Das separate Aufrufen der Websites entfällt. Sie sparen sich das Tippen bzw. das einzelne Auswählen der Lesezeichen.

Kein Eintippen mehr

Darauf kommt es an

Überlegen Sie, welche Websites Sie wirklich täglich sehen wollen. Begrenzen Sie deren Zahl bewusst, indem Sie nur wirklich relevante Links in den Lesezeichenordner legen.

Zahl begrenzen

Service: Wie Sie die Auto-Klick-Funktion einrichten und nutzen, sehen Sie gratis unter www.buero-kaizen.de/buch.

5.5 Profitieren Sie von der Suchfunktion

Mühsames Durchklicken

Um an eine bestimmte Datei zu kommen, kann man sich durch die Ordnerstruktur klicken. Dass es oft auch schneller geht, ist in vielen Fällen nicht bewusst.

So gehen Sie vor

Nutzen Sie die Möglichkeiten der Suchfunktion. Moderne Betriebssysteme verschlagworten die Inhalte von gespeicherten Dokumenten automatisch. Damit müssen Sie nicht mehr nach einem bestimmten Dateinamen suchen, sondern können bei der Suche auch Begriffe verwenden, von denen Sie wissen, dass diese im gesuchten Dokument vorkommen. Hintergrund: Suchmaschinen wie Google sind der Schlüssel zur Vielfalt im Internet; durch die Suchmaschinen findet man sich schnell zurecht. Diese Funktion übernimmt die Suche im Computer.

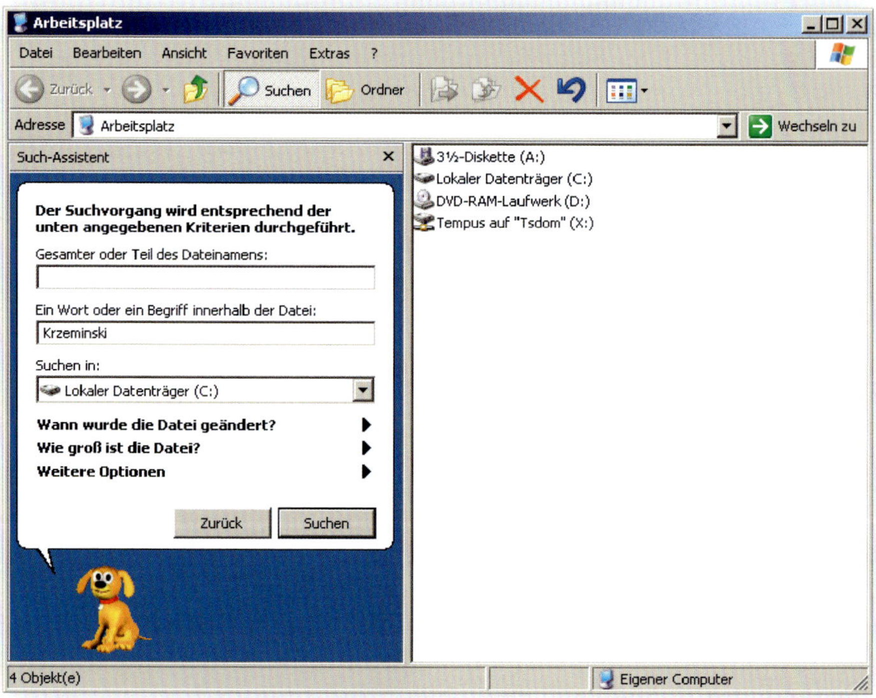

Darauf kommt es an

Seltene Begriffe nutzen

- Verwenden Sie möglichst solche Begriffe, die *selten* und idealerweise nur im gewünschten Dokument verwendet werden. Dies können beispielsweise Namen von Personen oder Institutionen sein. Suchen Sie also lieber „Krzeminski" als „Müller", wenn Sie einen Text finden wollen, in dem diese beiden Namen vorkommen.

Synonyme verwenden

- Wenn ein bestimmter Suchbegriff nicht das gewünschte Ergebnis bringt, probieren Sie ein *Synonym,* also ein sinnverwandtes Wort. Beispiel: Probieren Sie „Kindergarten", bei Bedarf aber auch „Tagesstätte".

Mit ODER arbeiten

- Sie können beide Begriffe auch in einer einzigen Suchabfrage eingeben: Wenn Sie nach „Kindergarten ODER Tagesstätte" suchen, werden alle Dateien angezeigt, in denen einer der beiden Begriffe vorkommt. Wichtig ist dabei, dass Sie das Wort „ODER" groß schreiben.

Exakte Zeichenkette

- Wollen Sie nach einer *exakten Zeichenkette,* also zum Beispiel nach „Büro-Kaizen", aber nicht nach „Kaizen" suchen, setzen Sie die Zeichenkette in Anführungszeichen. Dann werden nur solche Treffer angezeigt, die exakt diese Zeichenkette enthalten.

Extra-Tipp

Gar nicht erst speichern

Oft stammen zahlreiche der auf dem Rechner gespeicherten Dokumente aus dem Internet. Dabei ist das Speichern in vielen Fällen gar nicht nötig. Oft ist es sinnvoller, bei Bedarf direkt im Internet zu suchen und die bei der Suche aktuellen Dateien aufzurufen. Um diese Dateien zu finden, können Sie ebenfalls die oben genannten Tipps verwenden.

Was der Tipp bewirkt

Schneller finden

Die Möglichkeiten der Suchfunktion helfen Ihnen dabei, sich in der Vielfalt der gespeicherten Dateien auf dem Computer zurechtzufinden. Bei der Suche nach einem bestimmten Dokument können Sie entsprechend viel Zeit sparen.

Service: Weitere Tipps zur Präzisierung der Suche bekommen Sie kostenlos unter www.buero-kaizen.de/buch.

5.6 Nutzen Sie komfortable Notiz-Werkzeuge

Hinweise und Ideen festhalten

Ob am Schreibtisch oder unterwegs: Manchmal stoßen Sie beim Navigieren durch die Infoflut auf interessante Hinweise im Internet, die Sie festhalten wollen – seien es bestimmte Webseiten oder nur bestimmte Teile daraus oder auch nur die Adresse. Oder Sie wollen eine Idee bewahren bzw. sich Notizen machen.

So gehen Sie vor

Nutzen Sie eine Software bzw. eine Webanwendung, die das Sammeln, Ordnen und Finden von Notizen, Dokumenten oder auch Websites unterstützt (vgl. auch S. 46f). Wie dies in der Praxis aussehen kann, sehen Sie hier am Beispiel von Evernote.

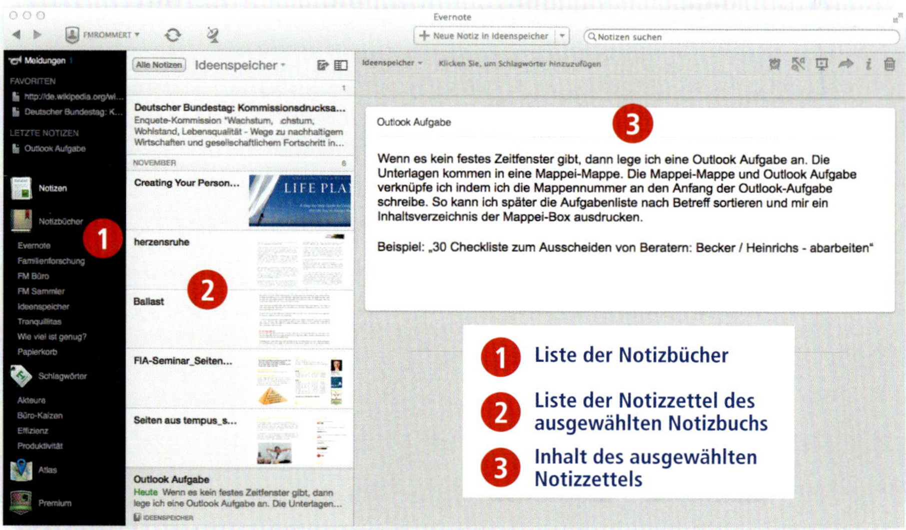

Was der Tipp bewirkt

Speichern und durchsuchen

Sie können beliebige Dateien und Notizen speichern und komfortabel durchsuchen; auch von auswärts (mobil).

Service: Der Markt für diese Werkzeuge ist ständig in Bewegung. Ergänzende und aktuelle Informationen finden Sie daher gratis unter www.buero-kaizen.de/buch.

5.7 So gelingt die Umsetzung

Keine Zeit?

Manche wehren sich gegen Veränderungen mit dem Argument, sie hätten keine Zeit dafür. Der Ausspruch ist immer richtig. Man wird nie Zeit haben. Daher kommt es darauf an, mal aus den bisherigen Gewohnheiten auszubrechen und neue Ideen auszuprobieren, gerade im Umgang mit der Infoflut. Genau jetzt ist dazu die Gelegenheit. Sie werden es merken: Sobald sich Erfolge einstellen, wächst auch die eigene Motivation.

Überprüfen Sie sich selbst

Haben Sie ...

... in Ihrem E-Mail-Programm einen „Social Media"-Ordner eingerichtet, in dem alle Benachrichtigungen über Kontaktanfragen und ähnliche E-Mails landen? ☐ Ja ☐ Nein

... eine Regel bzw. einen Filter eingerichtet, damit diese E-Mails automatisch aus dem Posteingang in diesen Ordner verschoben werden? ☐ Ja ☐ Nein

... sich daran gewöhnt, die E-Mails in diesem Ordner im Block – beispielsweise einmal pro Woche – zu verarbeiten? ☐ Ja ☐ Nein

... die Zahl der Nachrichten deutlich reduziert, indem Sie die Einstellungen in den sozialen Netzwerken entsprechend angepasst haben? ☐ Ja ☐ Nein

... in Ihrem E-Mail-Programm einen „Lesen"-Ordner eingerichtet, in den E-Mails kommen, die nicht Ihre unmittelbare Aufmerksamkeit erfordern, aber doch interessant sind (zum Beispiel Newsletter)? ☐ Ja ☐ Nein

... sich daran gewöhnt, den „Lesen"-Ordner auch dann zu leeren, wenn Sie nicht alles lesen konnten? ☐ Ja ☐ Nein

... auf der Festplatte ein eigenes Verzeichnis für Dateien mit interessanten Informationen, für die sonst der Platz unklar wäre? ☐ Ja ☐ Nein

... eine Verknüpfung zu diesem Ordner erstellt und diese auf Ihren Schreibtisch gelegt? ☐ Ja ☐ Nein

... Links zu Websites, die Sie regelmäßig lesen, so abgelegt, dass Sie sie mit einem Klick gleichzeitig in separaten Registerkarten (Tabs) öffnen können? ☐ Ja ☐ Nein

... sich daran gewöhnt, die Suchfunktion zu nutzen, um schnell an eine Datei zu kommen, ohne sich durch die Ordnerstruktur zu klicken? ☐ Ja ☐ Nein

... eine Software bzw. eine Webanwendung im Einsatz, die das Sammeln, Ordnen und Finden von Notizen, Dokumenten oder auch Websites unterstützt? ☐ Ja ☐ Nein

„Ich bin von je
der Ordnung Freund
gewesen."

Johann Wolfgang von Goethe

Meistern Sie Kabelsalat & Co. dauerhaft

6

Es betrifft heute jeden

Computer, Drucker, Kopierer, Digitalkameras – das sind Geräte, die vor noch gar nicht allzu langer Zeit sehr teuer waren und daher nur von wenigen besessen wurden. Bedient wurden sie oft von Fachleuten. Heute dagegen gibt es sie in jedem Unternehmen, ja fast in jedem Privathaushalt. Beinahe jeder muss damit zurechtkommen, einen Computer zu bedienen, dort seinen Desktop zu organisieren, und Lösungen zu finden, wenn mal wieder etwas hakt. Und oft genug kommt es vor, dass die Geräte genau dann nicht funktionieren, wenn man sie am dringendsten braucht.

Die Gründe dafür sind vielfältig:

Kein Papier mehr

- Beim *Kopierer* ist das Papier ausgegangen.
- Der Sitz eines Kabels hat sich gelockert – Sie wissen aber nicht, welche *Kabel* zu welchem Gerät gehören.
- Die *Akkus* sind grad alle leer.
- Der Etikettendrucker braucht eine neue Rolle. Nachschub ist auch vorhanden, aber Ihnen fehlt auf die Schnelle das *Wissen,* wie die neue Rolle eingesetzt wird.
- Im Unternehmen gibt es eine *Digitalkamera,* die Sie jetzt benutzen wollen – aber sie ist nicht da, wo sie eigentlich hingehört, und Sie wissen nicht, wer sie gerade benutzt.

Wo ist die Digitalkamera?

Der Frustpegel steigt

Im schlimmsten Fall sorgen solche banalen Dinge dafür, dass der Wettbewerb den entscheidenden Tick schneller ist und ein Auftrag nicht zustande kommt. Aber auch ansonsten besteht die Gefahr, dass der Frustpegel steigt.

Lösungen, die allen dienen

Auf den folgenden Seiten finden Sie Anregungen, die dazu beitragen, stressfreier mit der Technik umzugehen. Das dient allen: Ihnen, dem Unternehmen, den Kunden – und auch Ihrer Familie, die sich freut, wenn Sie entspannter heimkommen.

6.1 Gestalten Sie Ihren Desktop sinnvoll

Bildschirm voller Icons

Gern sammeln sich auf dem Desktop alle möglichen Downloads, kurzfristig abgespeicherte Dokumente und sonstige Dateien an. Oft geschieht dies in der Absicht, die jeweilige Datei im Blick zu behalten und nicht zu vergessen. Wenn aber am Ende der ganze Bildschirm voller Icons ist, fällt es schwer, schnell etwas zu finden und sich auf die aktuelle Aufgabe zu konzentrieren.

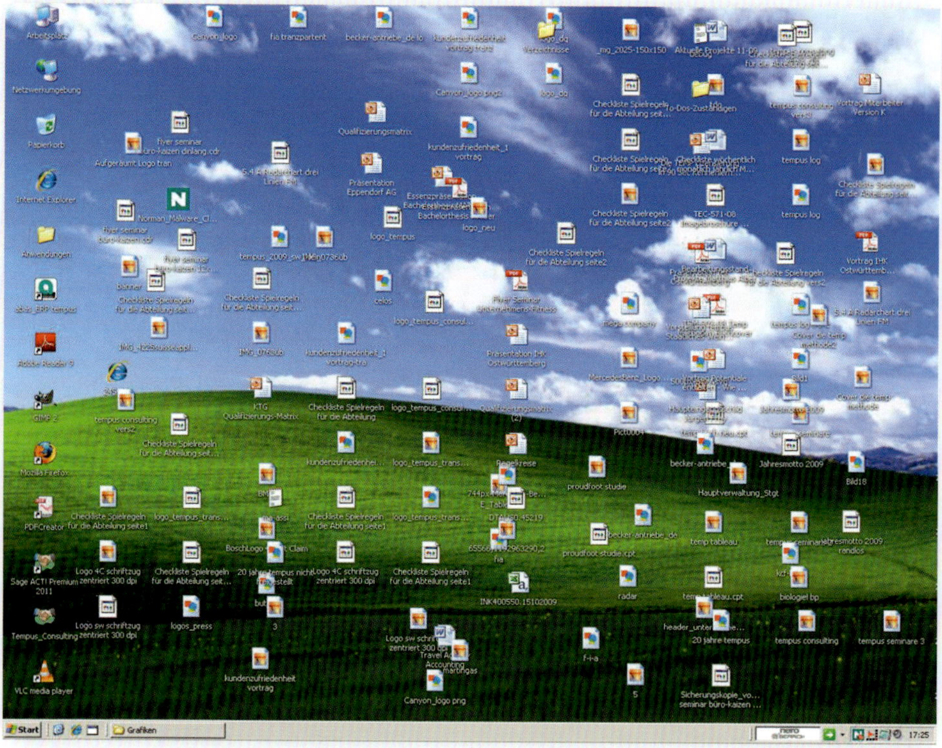

So gehen Sie vor

Handeln Sie auch hier wieder nach dem Kaizen-Prinzip „Alles hat *einen* Platz, alles hat *seinen* Platz"(s. S. 37): Legen Sie die Dateien dort ab, wo sie hingehören und halten Sie den Desktop frei bzw. legen Sie dort nur Verknüpfungen ab.

Darauf kommt es an

An der richtigen Stelle abspeichern

- Wenn Sie künftig eine Datei downloaden oder per E-Mail bekommen, speichern Sie sie gleich an der richtigen Stelle ab – und nicht mehr auf dem Desktop.

Keine Originaldateien

- Legen Sie keine Originaldateien auf den Desktop. Benötigen Sie eine Datei im Schnellzugriff, erstellen Sie eine *Verknüpfung* (s. S. 67) und legen Sie diese auf den Schreibtisch. Beispiel: Ich mache das so mit der Präsentation „Büro-Kaizen®". Obwohl nicht die Originaldatei auf dem Desktop liegt, kann ich die Folien der Präsentation mit einem Doppelklick starten.

Extra-Tipp

Fences®

Durch Programme wie *Fences®* können Sie Ihre digitale Arbeitsfläche in einzelne Bereiche unterteilen – so beispielsweise in „Ordner", „Bilder und Filme" und „Weblinks". Die Größe der Felder ist dabei variabel und kann dem Inhalt angepasst werden.

Was der Tipp bewirkt

Übersichtlich und logisch

Der Desktop ist so organisiert, dass er entweder frei ist oder die dort abgelegten Verknüpfungen zu Dokumenten und Programmen übersichtlich und logisch angeordnet sind. Sie können konzentrierter arbeiten.

Service: Weitere Hinweise zu Fences® bekommen Sie kostenlos unter www.buero-kaizen.de/buch.

6.2 Stellen Sie den Papiernachschub sicher

Probleme beim Papiernachschub

In manchen Unternehmen geht das Papier für den Drucker bzw. den Kopierer aus und es ist kein Nachschub vorhanden. Oder der Nachschub ist ungeeignet gelagert. Einige reale Beispiele aus meiner Beratungspraxis zeugen von Ideenreichtum:

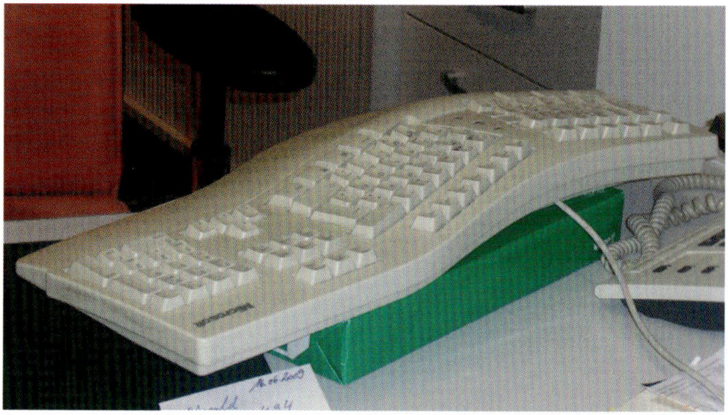

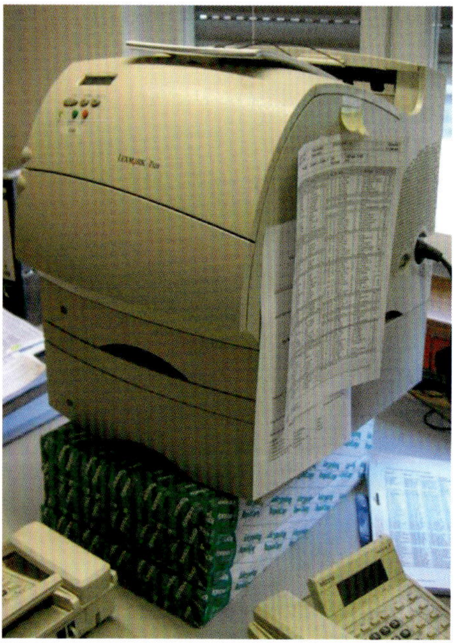

So gehen Sie vor

Lagern Sie Kopierpapier in geeigneter Weise direkt am Gerät.

Darauf kommt es an

Per Kanban-Karten steuern

Steuern Sie mittels Kanban-Karten den Papiernachschub so, dass er von allein funktioniert:

- Die Kanban-Karte wird über den vorletzten Pack gelegt.

Kopierpapier weiß A4

Mindestbestand: 2 Pack

1. Bitte gehen Sie wie folgt vor:

Im Versand 1 Karton holen, Stellplatz N31 (Bild 1/Lageplan).

2. tempus-Versand:

Art.-Nr.: GD0
Art.-Bez.: Kopierpapier weiß A4
Anzahl: **1 Karton**
Stellplatz: N31

Die Ware im Schrank neben dem Shop Drucker auffüllen.

ACHTUNG: Unter die Kanban-Karte bitte 2 Pack Papier legen.

Lageplan

Den leeren Karton bitte unter die Treppe zum OG (im Durchgang zum Lager stellen).

tempus. GmbH

- Bevor dieser benutzt werden kann, kommt die Kanban-Karte ins Sichtfeld und signalisiert das Erreichen des Mindestbestandes.
- Auf der Kanban-Karte findet der Mitarbeiter den Ort für den Nachschub, sodass er das Papier von dort holen kann.
- In kleineren Betrieben hat es sich auch bewährt, die Kanban-Karte mit einem laminierten Fax für den Büromittel-Lieferanten zu kombinieren. So kann der Kollege die Papierbestellung einfach faxen – und bevor die letzte Packung Papier aufgebraucht ist, wird schon der Nachschub geliefert.

Gleich die Bestellung faxen

Was der Tipp bewirkt

Aufwand wird reduziert

Sie schaffen ein selbststeuerndes System, das die Abläufe vereinfacht und den Organisationsaufwand reduziert.

Service: Ein Beispiel für eine Kanban-Karte finden Sie kostenlos unter www.buero-kaizen.de/buch.

6.3 Befreien Sie Ihre IT-Spezialisten von unnötigen Unterbrechungen

Oft fehlt etwas

Es kommt vermutlich in einem jeden Büro immer mal wieder vor, dass die Arbeit beeinträchtigt wird oder ganz unterbrochen werden muss, weil ein Kabel fehlt, ein Akku kaputt ist, ein USB-Stick benötigt wird oder sonst irgendein erforderliches Utensil der digitalen Welt das weitere Vorankommen behindert.

Störungen für die IT-Mitarbeiter

Das ist nicht nur für den einzelnen Mitarbeiter problematisch, sondern auch für die Fachleute aus der IT. Ich höre zum Beispiel oft von IT-Mitarbeitern, dass sie keine fünf Minuten an einer Sache dranbleiben können, weil ständig jemand anruft oder vorbeikommt und fragt, wo er ein Headset herbekommt …

So gehen Sie vor

Nutzen Sie das „Prinzip Selbstbedienung“ und richten Sie einen Computer- und Telefonzubehör-Schrank ein. Beschriften Sie ihn so gut, dass ohne langes Suchen die benötigten Dinge entnommen werden können.

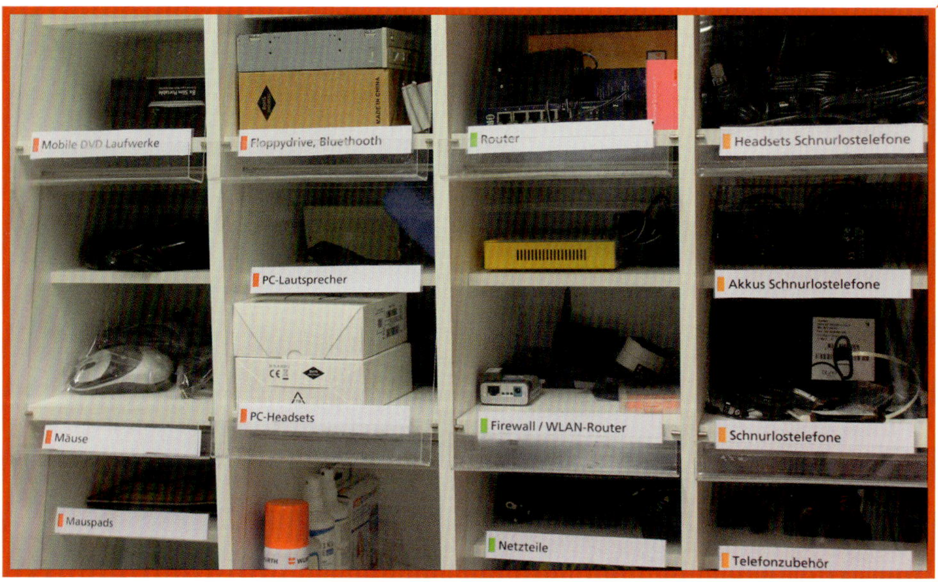

Beispiel für einen Computer- und Telefonzubehör-Schrank

Prospektschrank nutzen

Für den Schrank können Sie Modelle verwenden, wie sie in Reisebüros zur Aufbewahrung von Katalogen genutzt werden. Wenn Sie in einer Suchmaschine nach „Prospektschrank“ suchen, werden Sie Anregungen finden. Sie können sich einen solchen Schrank auch von einer Schreinerei anfertigen lassen.

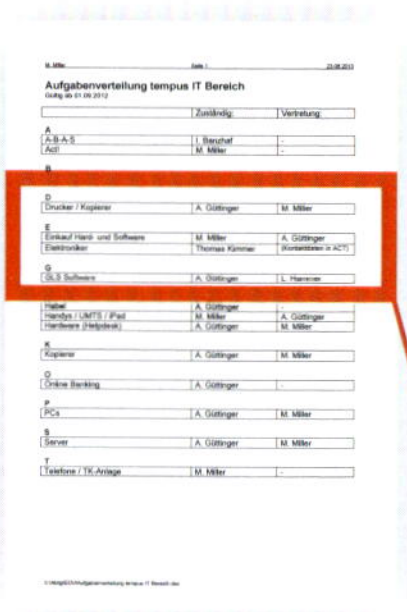

Extra-Tipp Nr. 1: Interne Zuständigkeiten aushängen

Erstellen Sie eine interne Liste, auf der für jedes Thema der richtige Ansprechpartner dokumentiert ist (etwa für Backups, Kauf von Hard- und Software, Einkauf von Mobiltelefonen etc.). Dahinter steht der Name des Vertreters (im Beispiel ist für Drucker/Kopierer A. Güttinger verantwortlich, Vertreter ist M. Miller). Hängen Sie die Liste an passender Stelle aus. So können Fragen gleich den dafür zuständigen Personen gestellt werden.

D		
Drucker / Kopierer	A. Güttinger	M. Miller
E		
Einkauf Hard- und Software	M. Miller	A. Güttinger
Elektroniker	Thomas Kimmer	(Kontaktdaten in ACT)
G		
GLS Software	A. Güttinger	L. Hammer

Extra-Tipp Nr. 2: Externe Unterstützung nutzen

Erstellen Sie eine weitere Liste mit den Kontaktdaten der wichtigsten externen Partner für technische Unterstützung. So können sich die Mitarbeiter bei Bedarf direkt an die Fachkräfte wenden.

Was der Tipp bewirkt

- Benötigte Utensilien werden schnell und ohne jemanden zu stören gefunden. Die Beeinträchtigung der Arbeitsleistung ist weitmöglichst reduziert.
- Die IT-Experten können sich mit den wirklich wichtigen Aufgaben beschäftigen.

Service: Unsere Listen mit den Ansprechpartnern können Sie als Anregung gern herunterladen. Sie finden diese Dateien gratis unter www.buero-kaizen.de/buch.

6.4 Drucken und kopieren Sie kostengünstig

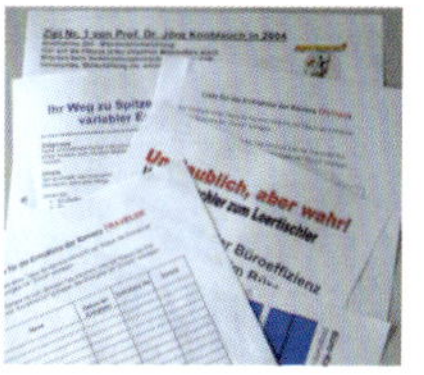

Große Mengen von Papier für Strategiesitzungen, Werbeaussendungen und andere Zwecke werden häufig auf eigenen Geräten ausgedruckt oder kopiert, weil nicht bewusst ist, welche Alternativen bestehen und was sie kosten. Außerdem werden oft teure Farbkopien (> 20 Cent/Blatt) gemacht, obwohl Schwarz-weiß-Kopien auch genügen würden.

So gehen Sie vor

Befestigen Sie am Gerät einen Zettel, der die Kosten ausweist.

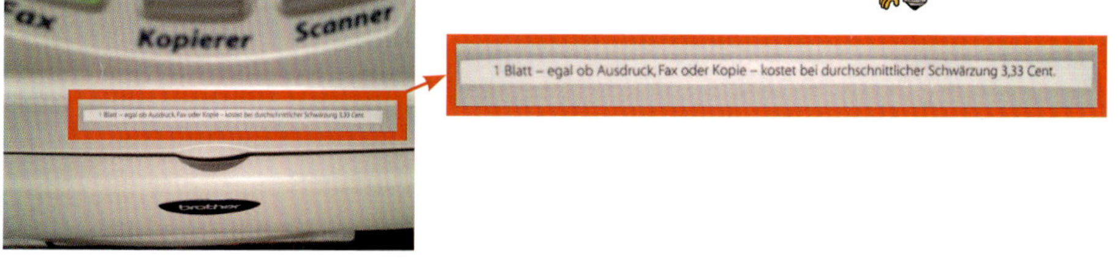

Druckkosten aufführen

Sie können zusätzlich auch die Druckkosten für Schwarz-weiß-, Farb-, Schnell- und Offsetdruck aufführen. Geben Sie dort auch Adressen der Druckereien sowie interne und/oder externe Ansprechpartner an.

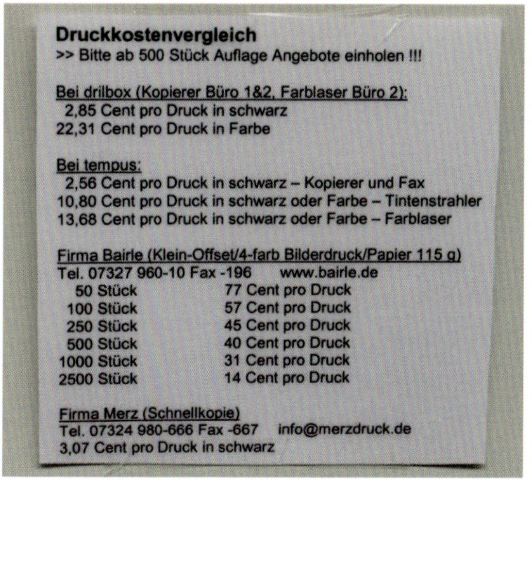

Druckkostenvergleich
>> Bitte ab 500 Stück Auflage Angebote einholen !!!

Bei drilbox (Kopierer Büro 1&2, Farblaser Büro 2):
2,85 Cent pro Druck in schwarz
22,31 Cent pro Druck in Farbe

Bei tempus:
2,56 Cent pro Druck in schwarz – Kopierer und Fax
10,80 Cent pro Druck in schwarz oder Farbe – Tintenstrahler
13,68 Cent pro Druck in schwarz oder Farbe – Farblaser

Firma Bairle (Klein-Offset/4-farb Bilderdruck/Papier 115 g)
Tel. 07327 960-10 Fax -196 www.bairle.de

50 Stück	77 Cent pro Druck
100 Stück	57 Cent pro Druck
250 Stück	45 Cent pro Druck
500 Stück	40 Cent pro Druck
1000 Stück	31 Cent pro Druck
2500 Stück	14 Cent pro Druck

Firma Merz (Schnellkopie)
Tel. 07324 980-666 Fax -667 info@merzdruck.de
3,07 Cent pro Druck in schwarz

6.5 Beschriften Sie die Kabel

Welches Kabel gehört wozu?

In Schränken und Schubladen liegen Ladegeräte oder sonstige Kabel. Steckleisten gleichen einem Wirrwarr. Es ist nicht ohne Weiteres klar, zu welchen Geräten diese Teile gehören. Das ist besonders bei einem Umzug problematisch.

So gehen Sie vor

Beschriften Sie alle vorhandenen Kabel – auch unter dem Tisch. Bei solchen Beschriftungsaktionen werden übrigens des Öfteren Kabel gefunden, die weder auf der einen noch auf der anderen Seite eingesteckt sind …

Darauf kommt es an

Direkt nach dem Kauf

Beschriften Sie neue Ladegeräte und Kabel am besten direkt nach dem Kauf. In diesem Moment wissen Sie noch, zu welchem Gerät sie gehören.

Extra-Tipp

Farblich markieren

Kombinieren Sie die namentliche Kennzeichnung mit einer farblichen Markierung. So könnten Sie Stromkabel stets mit blauen und die Druckerkabel mit roten Anhängern markieren.

6.6 Kennzeichnen Sie Akkus

Akkus voll oder leer?

Bei Geräten, die ihren Strom aus Akkus beziehen, gibt es oft ein Problem: Sie wissen nicht, ob die Akkus leer oder voll sind.

So gehen Sie vor

Stellen Sie neben dem Aufladegerät zwei Behälter auf und beschriften Sie diese:

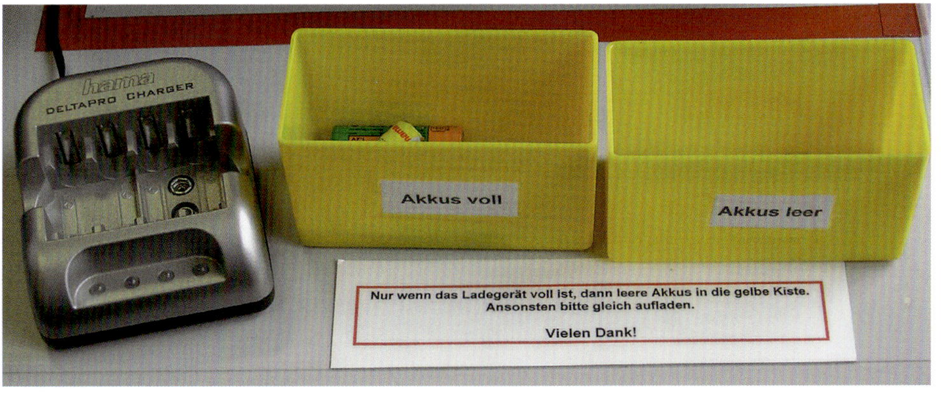

Darauf kommt es an

Laminieren Sie einen Hinweis: „Nur wenn das Ladegerät voll ist, kommen die leeren Akkus in die gelbe Kiste. Ansonsten bitte gleich aufladen. Vielen Dank!“ Befestigen Sie ihn am Stellplatz.

6.7 Vereinfachen Sie die Bedienung von Geräten mit One-Minute-Lessons

Bei der Bedienung von Kopierern, Druckern, Faxgeräten und Kaffeemaschinen kann es immer wieder zu Fragen kommen. Gerade neue Mitarbeiter, Mitarbeiter aus anderen Abteilungen und Praktikanten sind damit konfrontiert, weil sie die Eigenheiten der Geräte noch nicht kennen. Sie müssen dann die Bedienungsanleitung heraussuchen und die richtige Stelle zum Nachlesen finden. Das kostet unnötig Zeit.

So gehen Sie vor

Erstellen Sie mithilfe von Fotos die nötigen Kurzanleitungen (diese Art von Beschreibung wird als „One-Minute-Lesson" bezeichnet). Durch eine kurze Erklärung mit möglichst vielen Bildern erleichtern Sie allen Beteiligten die Nutzung. Die besten „Lessons" kommen ausschließlich mit Bildern aus.

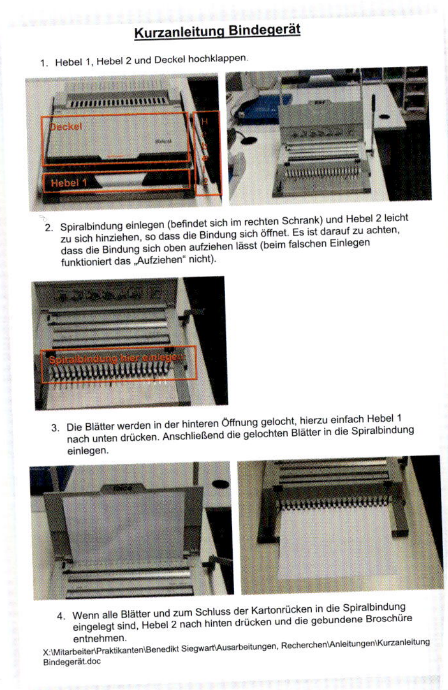

Kurzanleitung Bindegerät

1. Hebel 1, Hebel 2 und Deckel hochklappen.

2. Spiralbindung einlegen (befindet sich im rechten Schrank) und Hebel 2 leicht zu sich hinziehen, so dass die Bindung sich öffnet. Es ist darauf zu achten, dass die Bindung sich oben aufziehen lässt (beim falschen Einlegen funktioniert das „Aufziehen" nicht).

3. Die Blätter werden in der hinteren Öffnung gelocht, hierzu einfach Hebel 1 nach unten drücken. Anschließend die gelochten Blätter in die Spiralbindung einlegen.
4. Wenn alle Blätter und zum Schluss der Kartonrücken in die Spiralbindung eingelegt sind, Hebel 2 nach hinten drücken und die gebundene Broschüre entnehmen.

X:\Mitarbeiter\Praktikanten\Benedikt Siegwart\Ausarbeitungen, Recherchen\Anleitungen\Kurzanleitung Bindegerät.doc

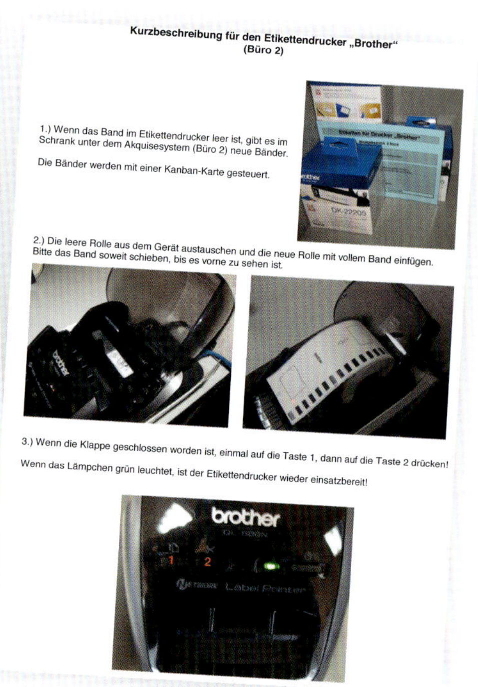

Kurzbeschreibung für den Etikettendrucker „Brother"
(Büro 2)

1.) Wenn das Band im Etikettendrucker leer ist, gibt es im Schrank unter dem Akquisesystem (Büro 2) neue Bänder.

Die Bänder werden mit einer Kanban-Karte gesteuert.

2.) Die leere Rolle aus dem Gerät austauschen und die neue Rolle mit vollem Band einfügen. Bitte das Band soweit schieben, bis es vorne zu sehen ist.

3.) Wenn die Klappe geschlossen worden ist, einmal auf die Taste 1, dann auf die Taste 2 drücken!

Wenn das Lämpchen grün leuchtet, ist der Etikettendrucker wieder einsatzbereit!

Was der Tipp bewirkt

- Auch neue Mitarbeiter oder Besucher können Geräte ohne Hindernisse bedienen.

Weniger Hindernisse

- Mitarbeiter werden nicht mehr so oft mit Fragen zur Benutzung gestört.

Weniger Störungen

Darauf kommt es an

Am besten hängen Sie die One-Minute-Lessons dort auf, wo sie am meisten gebraucht werden: am oder neben dem Gerät.

Am Gerät befestigen

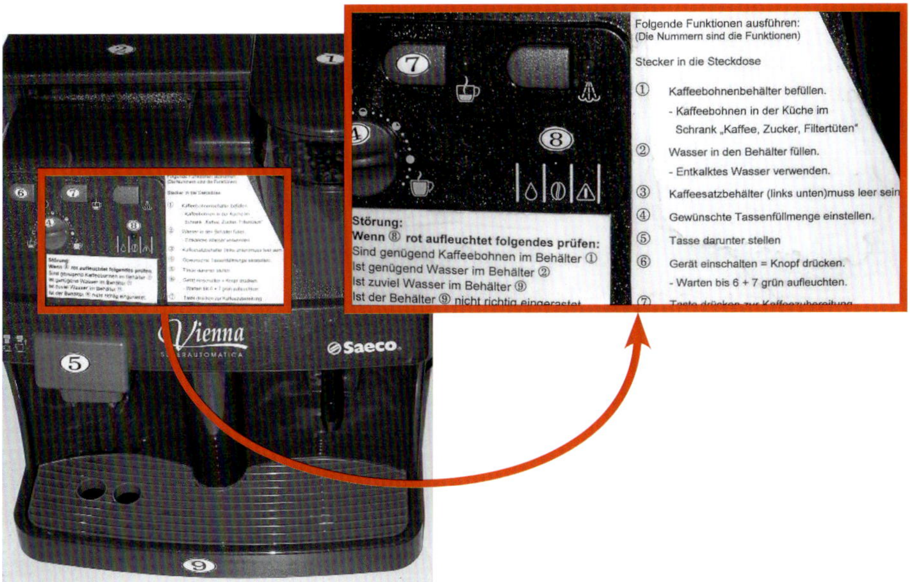

Extra-Tipp

Geben Sie für Rückfragen unter der One-Minute-Lesson auch den Namen eines internen Ansprechpartners sowie die Telefonnummer des Wartungsdienstes an. Sollte die Anleitung mal geändert werden, ist es nützlich, wenn der Dateipfad zu sehen ist.

Ansprechpartner und Pfad nennen

Service: Muster für Bedienungs- und Wartungsanleitungen finden Sie kostenlos unter www.buero-kaizen.de/buch (Kopierer, Kaffeemaschine, Reinigung Kaffeemaschine, Laminiergerät, Spiralbindegerät). Sie können die Vorlagen nutzen, um sie an Ihre Geräte anzupassen.

6.8 Vereinfachen Sie die Arbeit mit Digitalkameras & Co.

Lästiges Suchen vermeiden

Für gemeinsam genutzte Geräte wie den Beamer oder die Digitalkamera gibt es oft keine festen Plätze im Büro. Das hat Suchzeiten und Störungen zur Folge, da derjenige, der die Kamera benötigt, Kollegen fragen muss. Manchmal ist es auch so, dass die Kamera vorhanden ist, aber das Kabel oder sonst ein Ausrüstungsteil fehlt.

So gehen Sie vor

Definieren Sie gemeinsam einen Platz für diese Dinge. Beschriften Sie ihn und hängen Sie eine Entnahmeliste daneben.

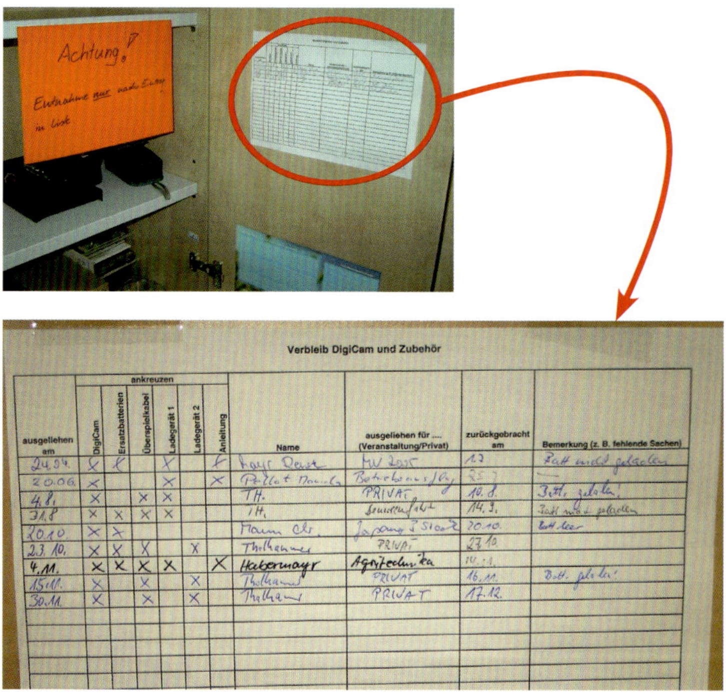

Verbleib DigiCam und Zubehör

ausgeliehen am	ankreuzen: DigiCam	Ersatzbatterien	Überspielkabel	Ladegerät 1	Ladegerät 2	Anleitung	Name	ausgeliehen für .... (Veranstaltung/Privat)	zurückgebracht am	Bemerkung (z. B. fehlende Sachen)
24.04.	X	X		X		X	[illegible]	MV 2005	1.7	Batt nicht geladen
20.06.	X			X		X	[illegible]	Betriebsausflug	25.7	—
4.8.	X		X	X			TH.	PRIVAT	10.8.	Batt. geladen!
31.8	X	X	X	X			TH.	[illegible]	14.9.	Batt nicht geladen
20.10.	X	X					[illegible]	[illegible]	20.10.	Batt leer
23.10.	X	X	X		X		Thalhammer	PRIVAT	27.10.	
4.11.	X	X	X	X		X	Habermayr	Agritechnika	14.11.	
15.11.	X		X		X		Thalhammer	PRIVAT	16.11.	Batt. geladen!
30.11.	X		X		X		Thalhammer	PRIVAT	17.12.	

Was der Tipp bewirkt

Zeitersparnis

Such- und Aufräumzeiten entfallen. Ist ein Gerät im Einsatz, dann ist bekannt, wer es verwendet.

6.9 So gelingt die Umsetzung

Azubis einbinden

In der Regel kennen sich Auszubildende bei computernahen Themen besser aus als die alt eingesessenen Mitarbeiter. Binden Sie sie daher in die Umsetzung der Tipps dieses Kapitels mit ein – etwa beim Erstellen der One-Minute-Lessons.

Überprüfen Sie sich selbst

Haben Sie …

… die Gewohnheit eingeübt, Dateien gleich an der richtigen Stelle zu speichern – und nicht mehr auf dem Desktop.	☐ Ja	☐ Nein
… keine Originaldateien mehr auf den Desktop gespeichert und stattdessen für den Schnellzugriff eine Verknüpfung erstellt?	☐ Ja	☐ Nein
… das Kopierpapier in geeigneter Weise direkt am Gerät gelagert?	☐ Ja	☐ Nein
… den Papier-Nachschub mittels Kanban-Karten so gesteuert, dass er von allein funktioniert?	☐ Ja	☐ Nein
… das „Prinzip Selbstbedienung" genutzt und einen Computer- und Telefonzubehör-Schrank eingerichtet?	☐ Ja	☐ Nein
… Listen erstellt und ausgehängt, auf der für jedes Thema der richtige Ansprechpartner dokumentiert ist?	☐ Ja	☐ Nein
… an Druckern und Kopierern Zettel ausgehängt, die die Kosten ausweisen?	☐ Ja	☐ Nein
… dort für größere Aufträge auch Adressen von Druckereien sowie interne und/oder externe Ansprechpartner angegeben?	☐ Ja	☐ Nein
… alle vorhandenen Kabel beschriftet – auch unter dem Tisch?	☐ Ja	☐ Nein
… sich daran gewöhnt, neue Ladegeräte und Kabel direkt nach dem Kauf zu beschriften?	☐ Ja	☐ Nein
… die namentliche Kennzeichnung von Kabeln mit einer farblichen Markierung kombiniert?	☐ Ja	☐ Nein
… neben dem Aufladegerät für Akkus zwei Behälter aufgestellt und beschriftet („Akku voll", „Akku leer")?	☐ Ja	☐ Nein
… Kurzanweisungen für den Gebrauch von Geräten erstellt und aufgehängt (One-Minute-Lessons)?	☐ Ja	☐ Nein
… unter der One-Minute-Lesson für Rückfragen auch die Namen von Ansprechpartnern angegeben?	☐ Ja	☐ Nein
… gemeinsam einen Platz für Geräte wie Digitalkameras definiert und eine Entnahmeliste daneben gehängt?	☐ Ja	☐ Nein

„Erfolg entsteht
durch Konzentration,
nicht durch
Verzettelung."

Jürgen Kurz

7 Meistern Sie Termine und Aufgaben selbstbestimmt

Stressige Situationen

Kommt Ihnen eine der folgenden Situationen vertraut vor? Etwa:

- fast verpasste Deadlines, die einen bis tief in die Nacht noch eine wichtige Präsentation fertig machen lassen;
- auf den letzten Drücker in eine wichtige Besprechung huschen, weil man bis zur letzten Minute mit den Vorbereitungen beschäftigt war;
- ein verpatzter Termin, weil er einfach vergessen wurde.

Beruflich und privat lastet auf vielen Menschen, die ich treffe, eine Aufgabenfülle, die einen echt stressen kann. *Kann* – aber nicht *muss.*

Ziel: Überblick

- Sie wollen stets den Überblick behalten über das, was in der laufenden Woche sowie am heutigen Tag wirklich bewältigt werden muss?

Sehnsucht nach Klarheit

- Sie sehnen sich nach Klarheit – vor allem dann, wenn es mal wieder stressig wird?

Dann habe ich eine gute Nachricht für Sie: Die Tipps dieses Kapitels werden Ihnen dabei helfen, diese Ziele zu erreichen.

Apps alleine helfen nicht

Auch wenn wir am Beispiel von Microsoft Outlook zeigen, wie es gehen kann: Die Lösung steckt weniger in der Nutzung elektronischer Werkzeuge. Apps können Sie nicht vor zu vielen To-do-Punkten retten.Wenn Sie zu viele Termine und Aufgaben zusagen, wird auch die beste Software nicht helfen können – und das schreibe ich in dem Wisssen, dass viele der heute auf dem Markt erhältlichen To-do-Manager wirklich klasse sind!

Umsetzung des Kaizen-Prinzips

Sie werden sehen: Die Lösung steckt wieder in der Umsetzung des Kaizen-Prinzips „*Alles hat einen Platz, alles hat seinen Platz*“ sowie im Arbeiten mit einem sich selbst begrenzenden System.

7.1 Organisieren Sie Termine und Aufgaben

Angst, etwas zu vergessen

Oft werden Termine und Aufgaben unsystematisch festgehalten – auf diversen Zetteln, in Kalendern, auf Haftnotizen oder einfach im Gedächtnis. Damit geht häufig die Angst einher, im entscheidenden Moment etwas wichtiges zu vergessen.

So gehen Sie vor

Entscheiden Sie sich für *ein* System, in dem Sie konsequent *alle* Termine und Aufgaben verwalten.

Darauf kommt es an

Gut ist, was Ihnen gut tut

- Gut ist, womit Sie wirklich *Lust* haben zu arbeiten. Egal, ob Sie sich für Papierlisten, Excel oder irgendwelche schicken Online-Notiz-Programme entscheiden – wichtig ist, dass Sie konsequent alles eintragen, um Ihr Gedächtnis zu entlasten.

Termine und Aufgaben

- Tragen Sie in den Kalender nur *Termine* ein (festes Zeitfenster; Beispiel: Sitzung am Mittwoch von 16 bis 17 Uhr). *Aufgaben* haben kein festes Zeitfenster. Sie sollten aber ein Fälligkeitsdatum für die Erledigung festlegen; Beispiel: Artikel bis 1.7. schreiben). Aufgaben gehören nicht in den Kalender, sondern in eine Aufgabenverwaltung. Sonst ist der Kalender zu voll und Sie rauben sich Flexibilität bei der Tagesplanung (S. 120).

Verwaltung per Software

- Bekommen Sie viele Termine und Aufgaben per E-Mail, liegt deren Verwaltung über den Computer nahe. Per *Synchronisierung* könnten Sie zudem von unterschiedlichen Geräten auf Ihre Termine und Aufgaben zugreifen.

Ans Backup denken

- Bei digitalen Varianten ist das *Backup* wichtig. Schließlich wollen Sie, dass Ihre To-do-Punkte auch bei einem Computerdefekt nicht verloren gehen.

Service: Eine Übersicht mehrerer Aufgabenverwaltungstools finden Sie gratis unter www.buero-kaizen.de/buch.

Beispiel: Outlook

Viele Leser werden ihre E-Mails mit Outlook bearbeiten. Doch Outlook kann auch Termine und Aufgaben verwalten. Daher zeige ich anhand dieses Programms, wie Sie vorgehen können. Die Ideen lassen sich auch über viele andere Wege umsetzen.

Erstellung per Klick

In Microsoft Outlook lässt sich mit einem Klick aus einer E-Mail direkt eine Aufgabe oder ein Termin erstellen. So funktioniert es:

1. **Klicken** Klicken Sie mit der rechten Maustaste auf die E-Mail, aus der eine Aufgabe werden soll.
2. **Verschieben** Verschieben Sie diese E-Mail, während Sie die Maustaste gedrückt halten (also per Drag and Drop).
3. **Loslassen** Lassen Sie die Maustaste los, wenn sich der Zeiger über den Aufgaben bzw. dem Kalender befindet.
4. **Auswahl treffen** Treffen Sie die gewünschte Auswahl aus dem Menü.

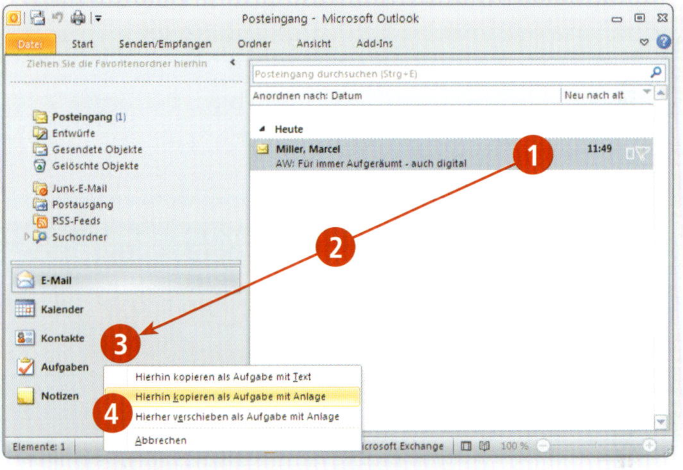

5. **Bearbeiten** Nehmen Sie bei Bedarf eine weitere Bearbeitung vor. Tragen Sie zum Beispiel ein Fälligkeitsdatum ein.

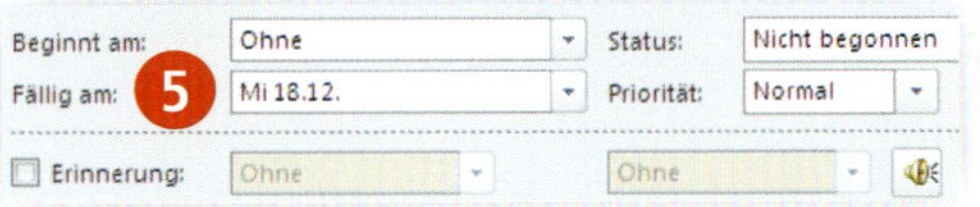

Fälligkeit eintragen

Tipp: Entscheiden Sie bei Aufgaben ohne Fälligkeit, in welchem Quartal Sie die Aufgabe angehen möchten. Geben Sie den letzten Tag des Quartals an, in dem Sie die Aufgabe erfüllen möchten. Vorteil: In der Übersicht stehen diese nicht so dringenden Aufgaben nicht mehr oben. Zudem verringern Sie die Gefahr, dass ein Aufgabenberg ohne Fälligkeit anwächst.

Aufgaben mit Papierunterlagen

Neue Aufgaben kommen nicht nur per E-Mail, sondern auch auf anderen Wegen zustande, etwa in Besprechungen oder per Post. In vielen Fällen gibt es zu diesen Aufgaben Unterlagen in Papierform. Jetzt kommt es darauf an, auch diese Aufgaben in die Übersicht einzupflegen und die zugehörigen Unterlagen so zu organisieren, dass sie bei Bedarf mit einem Griff zur Hand sind.

Organisation per Ordnungsbox

Wir haben dabei gute Erfahrungen mit einer Ordnungsbox gemacht, wie sie zum Beispiel bei MAPPEI, Classei oder auch bei Leitz erhältlich ist. Die Box passt in einen Rollcontainer. Die 31 Mappen sind ursprünglich Tagesmappen eines Wiedervorlagesystems. Hier bilden sie die Basis für ein leistungsfähiges Ablagesystem mit Direktzugriff: Die Unterlagen zur neuen Aufgabe stecken Sie in eine leere Mappe.

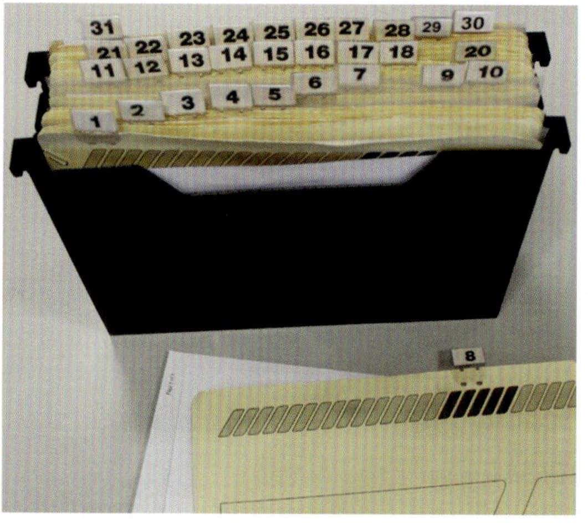

Aufgabe und Mappe verknüpfen

Um die neue Outlook-Aufgabe und die Mappe zu verknüpfen, schreiben Sie einfach die Nummer der Mappe in den Betreff der Aufgabe, und zwar an den Anfang des Betreffs (den Grund dafür erfahren Sie auf Seite 121).

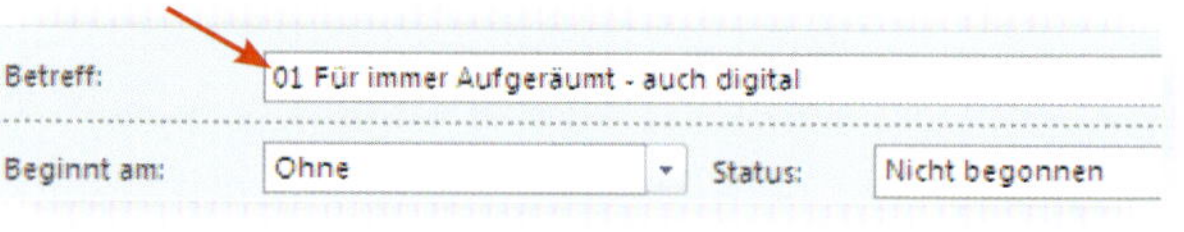

Hängemappen

Alternativ können Sie auch Hängemappen verwenden. *Tipp:* Nehmen Sie eine eigene Farbe. Dann ist auf einen Blick klar, dass es sich um eine Mappe für temporäre Vorgänge handelt.

Pultordner

Alternativ zu den Mappen können Sie Unterlagen zu laufenden Vorgängen auch in einem Pultordner aufbewahren. Der Vorteil eines Pultordners besteht darin, dass Sie Ihre aktuellen Vorgänge leicht auf Reisen mitnehmen können. *Wichtig:* Damit Sie auch ohne Outlook wissen, was sich im Pultordner befindet, arbeiten Sie mit einem Inhaltsverzeichnis, das Sie vorne einkleben.

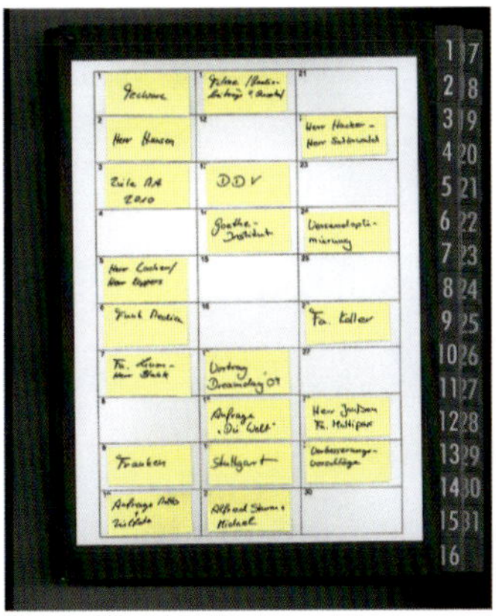

Platz wieder frei

Ist der Vorgang erledigt, werden die Papiere abgelegt oder entsorgt und der Platz ist wieder frei.

Service: Vorlagen für das Inhaltsverzeichnis von Pultordnern finden Sie gratis unter www.buero-kaizen.de/buch.

7.2 Profitieren Sie von der Wochenplanung

Das Erfassen allein reicht noch nicht

Sind alle Termine und Aufgaben in einem System erfasst, ist das schonmal ein wichtiger Schritt nach vorn. Allerdings ist allein durch das Erfassen noch nicht klar, welche der erfassten Aufgaben bevorzugt bearbeitet werden sollen. Im Alltag kann es daher sein, dass man immer neue Aufgaben zusagt – und das Verwirklichen wichtiger Ziele viel zu kurz kommt.

So gehen Sie vor

Erstellen Sie vor Beginn einer neuen Woche einen Wochenplan, beispielsweise am Freitag. Schauen Sie sich dazu Ihre Termine und Aufgaben in Outlook an. Sie sehen an einer Stelle:

- die Aufgaben, die Sie aus E-Mails erstellt haben;
- die Aufgaben, die Sie in Verknüpfung mit Papierdokumenten erstellt haben;
- Aufgaben, die Sie in diesem Quartal bearbeiten wollen;
- regelmäßig wiederkehrende Aufgaben.

Aufgaben der kommenden Woche

Nun überlegen Sie unter Berücksichtigung der Priorität und Fälligkeit, welche Aufgaben Sie in der kommenden Woche bearbeiten wollen. Wollen Sie eine Aufgabe, die Sie in diesem Quartal bearbeiten wollen, in der nächsten Woche erledigen, verändern Sie entsprechend das Fälligkeitsdatum.

Nach Fälligkeit sortieren

Lassen Sie die Aufgabenübersicht nach Fälligkeit sortieren. Das Ergebnis sieht dann in etwa so aus:

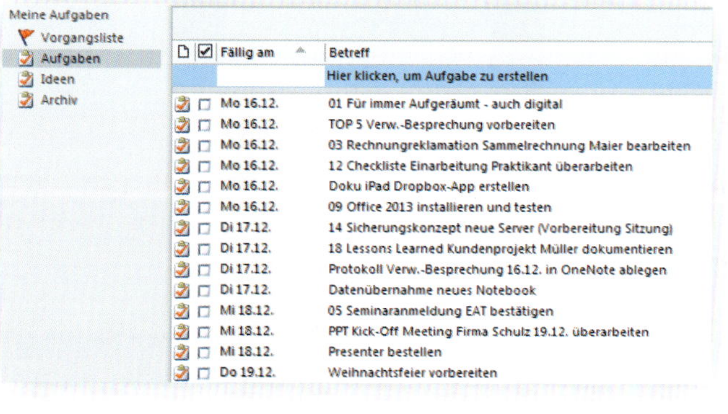

Darauf kommt es an

- Begrenzen Sie die Zahl der Aufgaben, die Sie vor sich herschieben, indem Sie häufiger *Nein sagen.* Wenn Sie weniger Punkte aufnehmen, wird es wahrscheinlicher, dass Sie die aufgenommenen Punkte auch wirklich erledigen.

Obergrenze: 50 Aufgaben

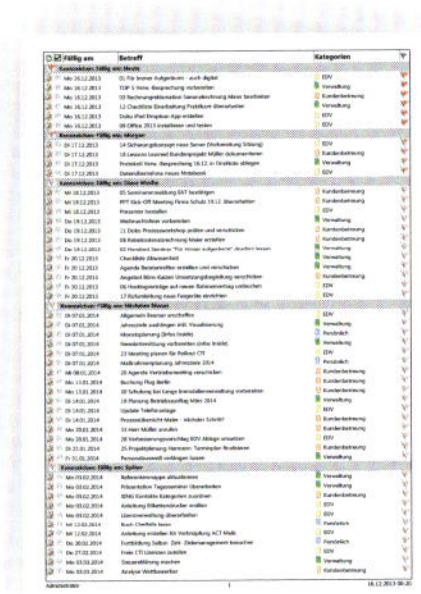

- Vielen Menschen hilft es, während der Woche mit einem Ausdruck der Aufgabenliste zu arbeiten. Auf ein DIN-A4-Blatt passen maximal circa 50 Aufgaben (siehe nebenstehende Abbildung). Damit haben Sie eine *„natürliche" Obergrenze.*
- Brechen Sie *keine zweite Seite* an.
- Umfasst Ihre To-do-Liste mehr als 50 Aufgaben, sollten Sie Aufgaben *delegieren oder verwerfen.* Mehr als 50 Aufgaben lassen sich ohnehin schwer im Blick behalten.
- Wollen Sie überzählige Aufgaben nicht verwerfen, können Sie sie auch in einen *Ordner „Nice to have"* schieben (s. Seite 122).
- Wenn Sie eine Aufgabe in die Folgewoche übertragen, fragen Sie sich, ob die Aufgabe *komplett gestrichen* werden kann.

Zu lange Liste

Wenn die Liste der Aufgaben zu lang ist, kann es dafür verschiedene Ursachen geben:

Zu kleinteilig

- Sie planen zu kleinteilig und könnten mehrere kleine Aufgaben zu einer übergeordneten Aufgabe zusammenfassen. Müssen Sie kleinteilige Aufgaben im Blick behalten, wäre ein spezialisiertes Projektmanagementprogramm besser geeignet.
- Ihr Blick geht etwas zu weit in die Zukunft.

Indiz für Überforderung

- Treffen diese beiden Punkte nicht zu, kann eine zu umfangreiche Liste das Indiz für eine Überforderung sein. In diesem Fall müssen Aufgaben gestrichen, der Vorgesetzte nach Unterstützung gefragt oder längere Bearbeitungszeiten akzeptiert werden.

Was der Tipp bewirkt

Wichtige Aufgaben verwirklichen

Die Wochenplanung gibt Ihnen die nötige Flexibilität und hilft Ihnen, sich auf die Verwirklichung der aktuell wichtigen Aufgaben zu konzentrieren.

Service: Tipps zum erfolgreichen Nein sagen finden Sie gratis unter www.buero-kaizen.de/buch.

7.3 Schaffen Sie Klarheit mit der Tagesplanung

Wochenplanung genügt nicht

Die Wochenplanung sorgt dafür, dass Sie die wichtigen Aufgaben im Blick haben. Die Aufgaben stehen aber in Gefahr, unerledigt zu bleiben, wenn sie nicht in den Tageshorizont genommen werden.

So gehen Sie vor

Machen Sie es sich zur Gewohnheit, den nächsten Tag zu planen, bevor Sie das Büro verlassen. Dies dauert nur wenige Minuten.

Werfen Sie dazu einen Blick auf Ihren Ausdruck mit den Aufgaben für diese Woche. Entscheiden Sie nun, welche Aufgaben angesichts der Termine, die morgen zu bewältigen sind, noch gut in den Tag hineinpassen.

Darauf kommt es an

Mit einem Ausdruck arbeiten

Bei vielen Menschen hat es sich bewährt, auch hier wieder mit einem Ausdruck zu arbeiten.

Vorteile:

- Sie können handschriftliche Notizen machen.
- Sie haben die Möglichkeit, bei den Aufgaben die Prioritäten zu kennzeichnen.

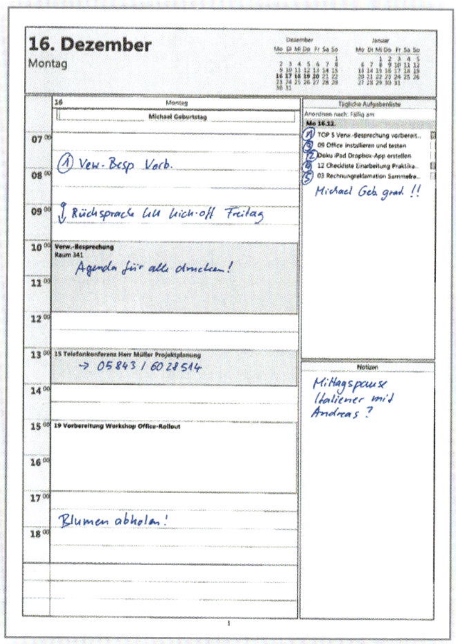

Was der Tipp bewirkt

Zeit und Energie fokussieren

Die Tagesplanung hilft Ihnen dabei, Ihre Zeit und Ihre Energie zielführend einzusetzen.

7.4 Nutzen Sie die Aufgabenliste auch als Inhaltsverzeichnis

Inhalte unklar

Bei den Papierunterlagen, die in den Mappen stecken (S. 116), ist nicht ohne Weiteres klar, welche Mappe welche Papiere enthält.

So gehen Sie vor

Sortieren Sie die Aufgabenliste nicht nach Fälligkeit, sondern nach Betreff. So erhalten Sie mit einem Klick automatisch ein aktuelles Inhaltsverzeichnis für die Mappen in Ihrer Box.

Darauf kommt es an

Eine 0 davorsetzen

Wenn Sie die Nummer der Mappe in den Betreff der Aufgabe eintragen – wie auf Seite 116 gezeigt –, setzen Sie bei den Zahlen von 1 bis 9 eine 0 davor: „04 Abholung …“. Dann klappt es auch mit dem korrekten Anzeigen der Reihenfolge.

01 Für immer Aufgeräumt - auch digital
02 Handout Seminar "Für immer aufgeräumt" drucken lassen
03 Rechnungreklamation Sammelrechnung Maier bearbeiten
05 Seminaranmeldung EAT bestätigen
06 Hostingverträge auf neuen Rahmenvertrag umbuchen
08 Reisekostenabrechnung Maier erstellen
11 Doku Prozessworkshop prüfen und verschicken
12 Checkliste Einarbeitung Praktikant überarbeiten
14 Sicherungskonzept neue Server (Vorbereitung Si
17 Rufumleitung neue Faxgeräte einrichten
18 Lessons Learned Kundenprojekt Müller dokumen
19 Planung Betriebsausflug März 2014
20 Agenda Vertriebsmeeting verschicken
23 Meeting planen für Rollout CTI
25 Projektplanung Hermann: Terminplan finalisieren
28 Verbesserungsvorschlag EDV Ablage umsetzen
30 Schulung bei Lange Immobilienverwaltung vorbereiten

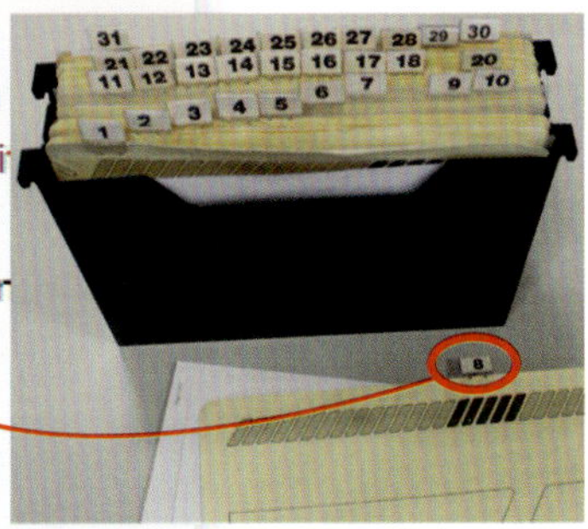

7.5 Organisieren Sie Aufgaben mit Ordnern

Wohin mit Ideen?

Es gibt manches, das möchte man vielleicht mal tun, ohne dass es im Moment schon eine konkrete Aufgabe wäre. Auch diese Vorhaben können Sie in Ihrer Aufgabenverwaltung speichern. Es entsteht dann allerdings die Gefahr, dass die Aufgabenliste immer länger und damit auch unübersichtlicher wird.

So gehen Sie vor

Arbeiten Sie mit einem „Ideen"-Ordner (Alternativname: „Nice to have"). Aufgaben, die Sie vielleicht irgendwann einmal angehen wollen, kommen dann in diesen Ordner „Ideen" . Dies hilft beim Loslassen und ist vergleichbar mit dem Wegwerfen auf Probe, das sich im Umgang mit Papierunterlagen bewährt hat.

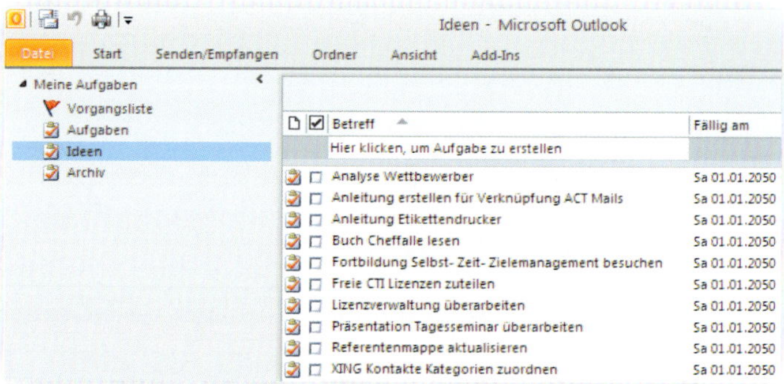

Darauf kommt es an

Fälligkeitsdatum in der Zukunft

- Geben Sie Ihren Ideen ein Fälligkeitsdatum, das weit in der Zukunft liegt. Dann erscheinen Ihre Ideen in der Vorgangsliste ganz unten.

Ideen bei der Wochenplanung durchsehen

- Sehen Sie bei der Wochenplanung auch den Ideen-Ordner durch. Dies vermeidet, dass Ihre Ideenliste zum Grab wird.

Was der Tipp bewirkt

To-do-Liste bleibt aktuell

Ihre eigentliche To-do-Liste bleibt frei von Ideen, deren Realisierung zwar gut wäre, aber nicht zwingend nötig ist und um die Sie sich daher vielleicht erst irgendwann einmal in der Zukunft kümmern.

7.6 So gelingt die Umsetzung

Bündelung der Kräfte

Erfolg entsteht nicht dadurch, dass man sehr viele Dinge tut. Erfolg folgt aus klaren Zielen und aus der Bündelung der Kräfte. Haben Sie Schwierigkeiten damit, sich auf die Erledigung wichtiger Aufgaben zu konzentrieren, dann nehmen Sie sich zu viel vor. Seien Sie mutig, gehen Sie die großen Themen an und Sie werden sehen: Viele kleine Themen lösen sich in Wohlgefallen auf.

Überprüfen Sie sich selbst

Haben Sie …

… sich für ein System entschieden, in dem Sie konsequent alle Termine und Aufgaben verwalten?	☐ Ja	☐ Nein
… sich daran gewöhnt, in den Kalender nur Termine einzutragen?	☐ Ja	☐ Nein
… für Aufgaben (ohne festes Zeitfenster) eine Aufgabenverwaltung?	☐ Ja	☐ Nein
… bei Nutzung einer digitalen Termin- und Aufgabenverwaltung die Frage nach dem Backup geklärt?	☐ Ja	☐ Nein
… sich daran gewöhnt, bei Aufgaben ohne Fälligkeit zu entscheiden, in welchem Quartal Sie die Aufgabe angehen möchten?	☐ Ja	☐ Nein
… geklärt, wie Sie Unterlagen in Papierform organisieren, die zu einer Aufgabe gehören?	☐ Ja	☐ Nein
… die Gewohnheit kultiviert, unter Berücksichtigung der Prioritäten und Fälligkeiten der anstehenden Aufgaben vor Beginn einer neuen Woche einen Wochenplan zu erstellen?	☐ Ja	☐ Nein
… eine „natürliche" Obergrenze für Ihre aktuelle Aufgabenliste?	☐ Ja	☐ Nein
… sich daran gewöhnt, sich zu fragen, ob eine Aufgabe komplett gestrichen werden kann, wenn Sie diese Aufgabe nicht schaffen und sie in die Folgewoche übertragen wollen?	☐ Ja	☐ Nein
… es sich zur Gewohnheit gemacht, den nächsten Tag zu planen, bevor Sie das Büro verlassen?	☐ Ja	☐ Nein
… ein aktuelles Inhaltsverzeichnis für die Mappen in Ihrer Box?	☐ Ja	☐ Nein
… begonnen, bei der Aufgabenverwaltung mit Ordnern zu arbeiten?	☐ Ja	☐ Nein
… Aufgaben, die Sie vielleicht irgendwann einmal angehen, in den Ordner „Ideen" bzw. „Nice to have" eingeordnet?	☐ Ja	☐ Nein
… für jeden größeren beruflichen Aufgabenbereich einen eigenen Ordner angelegt und zugehörige Aufgaben entsprechend einsortiert?	☐ Ja	☐ Nein

Stichwortverzeichnis

Tipps zum Weiterlesen

■ Anitra Eggler: ***E-Mails machen dumm, krank und arm.*** Orell Füssli 2012 › Unterhaltsam beschäftigt sich Eggler mit der E-Mail-Sucht. Neben witzigen Geschichten finden Sie auch konkrete Ideen, wie's besser geht. ■ Gunter Frank, Maja Storch: ***Die Mañana-Kompetenz. Auch Powermenschen brauchen Pause.*** 4. Aufl., Piper 2011 › An- und Entspannung müssen in einem ausgewogenen Verhältnis stehen. Die Autoren erklären, warum das wichtig ist und beschreiben, wie man durch Rituale Entspannung erreicht. ■ Thorsten Jekel: ***Digital Working für Manager.*** GABAL 2013 › In diesem toolbasierten Buch beschreibt Thorsten Jekel, wie auch Manager neue Entwicklungen im EDV-Bereich inkl. Apps nutzen können, um die eigene Effizienz zu steigern. ■ Jörg Knoblauch, Jürgen Frey, Jürgen Kurz: ***Die TEMP-Methode®.*** Campus 2009 › Unternehmenserfolg ist planbar. Die TEMP-Methode® ist ein Instrument, dies systematisch und Schritt für Schritt zu erreichen. ■ Jürgen Kurz: ***Für immer aufgeräumt. Zwanzig Prozent mehr Effizienz im Büro.*** 7. Aufl., GABAL 2013 › Das Buch liefert Tipps, wie Sie Ordnung schaffen, Ihre Büroorganisation standardisieren, Arbeitsprozesse optimieren und mit Zielen und Kennzahlen arbeiten. ■ Jürgen Kurz: ***7-Schritte-Programm zum für immer aufgeräumten Schreibtisch.*** tempus/Rommert Verlag 2010 › Der digitale Selbstlernkurs hilft, Ihren Schreibtisch in 7 erprobten Schritten „für immer aufzuräumen". Mehr als 2.000 Nutzern konnte Jürgen Kurz so schon erfolgreich weiterhelfen. ■ Jürgen Kurz: ***Der Praktiker-Leitfaden. 20 Prozent mehr Effizienz mit Büro-Kaizen.*** 2. Aufl., tempus/Rommert Verlag 2012 › Hier beschreibt Jürgen Kurz im Detail, wie Sie Schritt für Schritt den Schreibtisch, die Abteilung sowie das ganze Unternehmen mit den „Für immer aufgeräumt"-Prinzipien optimieren. ■ Jürgen Kurz: ***www.buero-kaizen.de*** › Hier finden Sie viele weitere Informationen, Gratis-Downloads, eine Kontaktseite sowie Beispiele von Umsetzungsbegleitungen in Unternehmen durch Jürgen Kurz und sein Beraterteam. ■ Werner Küstenmacher, Lothar Seiwert: ***Simplify your life.*** Knaur 2013 › *Der* Klassiker zeigt, wie man systematisch Wohnung, Kleiderschrank, Finanzen und schließlich das komplette Leben aufräumt und vereinfacht. Das, was „Für immer aufgeräumt" für das Büro ist, ist *simplify* für die anderen Lebensbereiche. ■ Frank-Michael Rommert: ***Ordnung ohne Stress*** 2. Aufl. GABAL 2012 › Das Buch zeigt, wie Sie mit Ordnungsmappen (MAPPEI/Classei) Zeit und Platz sparen und entspannter arbeiten. Interessant, wenn Sie Akten in Papierform zu organisieren haben. ■ Lothar Seiwert: ***Ausgetickt – lieber selbstgesteuert als fremdbestimmt.*** Ariston 2011 › Selbstbestimmtes Agieren ist von großer Bedeutung. Die These von Prof. Seiwert ist, dass die Erhöhung des Selbstbestimmungsgrades wichtig für die Burnout-Prävention ist.

Danke!

Viele fleißige und talentierte Menschen haben mich bei der Arbeit an diesem Buch unterstützt. Mit ihnen arbeiten zu dürfen, ist mir ein Privileg; ihnen zu danken, ist mir eine Herzensangelegenheit.

- ***Meinen Kunden:*** Danke für die Offenheit und das Vertrauen, miteinander Verbesserungen angehen zu können. Nur gemeinsam sind viele Ideen entstanden und umgesetzt worden.
- ***Frank-Michael Rommert:*** Danke für Ihre langjährige Partnerschaft. Ihr Wissen, Ihre Professionalität und die Besessenheit, Dinge bis ins Detail zu durchdenken, sind großartig.
- ***Almut Wiedenmann:*** Danke für dein Mitdenken, deine Flexibilität und deine Ausdauer. Du gehörst in Deutschland mittlerweile zu den großen Experten zum Thema Büroorganisation.
- ***Marcel Miller:*** Danke für Ihre Unterstützung in unzähligen Projekten. Ihre Konsequenz im Umgang mit Aufgaben und Terminen ist beispielhaft.
- ***Matthias Alber:*** Danke für Ihre Zuarbeit über viele Jahre. Unser gemeinsames E-Book *eKaizen – Ihr Weg zum „für immer aufgeräumten" Computer* war Basis dieses Buches. Ohne Sie würde es dieses Buch nicht geben.
- ***Traudel Knoblauch:*** Danke für Ihre zeitliche Flexibilität beim Korrekturlesen. Sie haben eine beeindruckende Gabe, Tippfehler zu finden.
- ***Meinem Team:*** Danke für eure Unterstützung im Hintergrund. Ihr habt auch dieses Buch stets mit Rat und Tat unterstützt.
- ***Tiki Küstenmacher:*** Danke für dein Vorwort. Mit deinem Bestseller „simplify your life" hast du vielen Menschen geholfen. Das ist mir Ansporn und es ehrt mich, dass dein Vorwort wieder Teil dieses Buches ist.
- ***Jürgen Frey:*** Danke für deine Begleitung seit vielen Jahren. Du bist mir ein guter Freund und Mentor. Deine bedingungslose Ausrichtung auf den Kundennutzen ist für mich Antrieb und Maßstab zugleich.
- ***Ihnen:*** Danke, dass Sie dieses Buch gekauft und (hoffentlich schon) gelesen haben. Sie machen mir die größte Freude, wenn Sie die Tipps testen und Ihren Weg finden, das Datenchaos und die E-Mail-Flut zu meistern.

Liebe Leserinnen und Leser,
es geht immer noch besser. Bitte senden Sie mir Ihre Verbesserungsanregungen. In meinem Newsletter „Für immer aufgeräumt" werde ich diese – mit Nennung Ihres Namens – an die über 20.000 Leser weitergeben. Unter www.buero-kaizen.de/newsletter können auch Sie sich für diesen monatlich erscheinenden Gratis-Newsletter eintragen. Gerne können Sie mich auch anrufen: (0 73 21) 92 58-271 oder mir eine E-Mail schreiben.

Mit *aufgeräumten* Grüßen
Jürgen Kurz
(j.kurz@buerokaizen.de)